生态文明之花
开遍之江大地

浙江省首批生态文明建设实践体验地概览

浙 江 省 生 态 环 境 厅
浙江省生态环境科学设计研究院 ◎编著

U0340181

中国环境出版集团·北京

图书在版编目（CIP）数据

生态文明之花开遍之江大地：浙江省首批生态文明建设实践体验地概览 / 浙江省生态环境厅，浙江省生态环境科学设计研究院编著. -- 北京：中国环境出版集团, 2024.3

ISBN 978-7-5111-5677-8

Ⅰ. ①生… Ⅱ. ①郎… Ⅲ. ①生态环境建设－研究－浙江 Ⅳ. ①X321.255

中国国家版本馆CIP数据核字(2023)第216498号

出 版 人	武德凯
责任编辑	范云平
装帧设计	艺友品牌

出版发行　中国环境出版集团
　　　　　（100062 北京市东城区广渠门内大街16号）
　　　　　网　　址：http://www.cesp.com.cn
　　　　　电子邮箱：bjgl@cesp.com.cn
　　　　　联系电话：010-67112765（编辑管理部）
　　　　　　　　　　010-67112739（第三分社）
　　　　　发行热线：010-67125803，010-67113405（传真）

印　　刷	北京盛通印刷股份有限公司
经　　销	各地新华书店
版　　次	2024年3月第1版
印　　次	2024年3月第1次印刷
开　　本	880×1230 1/16
印　　张	16.5
字　　数	280千字
定　　价	88.00元

中国环境出版集团郑重承诺：
中国环境出版集团合作的印刷单位、材料单位均具有中国环境标志产品认证。

"生态兴则文明兴，生态衰则文明衰"。生态文明建设是关系中华民族永续发展的根本大计。党的十八大确立了中国特色社会主义"五位一体"总体布局，提出要把生态文明建设放在突出地位，融入经济建设、政治建设、文化建设、社会建设各方面和全过程，努力建设美丽中国，实现中华民族永续发展。党的二十大报告浓墨重彩地对生态文明建设进行了全面总结和重点部署，开启了生态文明建设新征程。从十九大提出"加快生态文明体制改革，建设美丽中国"到二十大提出"推动绿色发展，促进人与自然和谐共生"，把尊重自然、顺应自然、保护自然摆到更为重要更为突出的位置，彰显了人与自然和谐共生这一中国式现代化本质要求。

浙江是习近平生态文明思想的重要萌发地，是"绿水青山就是金山银山"理念的发源地和率先实践地。长期以来，浙江高度重视生态文明建设，始终以"八八战略"①为统领，坚定践行"绿水青山就是金山银山"理念，按照"干在实处永无止境，走在前列要谋新篇"的要求，一任接着一任干、一张蓝图绘到底，从"绿色浙江""生态浙江"到"美丽浙江"，再到"打造生态文明高地"，体现了历届省委、省政府对推动浙江生态文明建设的一贯追求，也体现了浙江在"美丽中国"建设实践中，"干在实处、走在前列、勇立潮头"的历史使命和责任担当。浙江人民没有辜负习近平总书记的殷切期望，在生态文明建设方面走出了一条特色发展之路，建成全国首个生态省，"千村示范、万村整治"工程、"蚂蚁森林"、"蓝色循环"荣获联合国地球卫士奖，浙江生态文明建设的探索实践，可以说是"美丽中国"的生动写照，绿水青山俨然已成为浙江最靓丽的一张金名片。

2022 年 9 月，为深入挖掘浙江各地生态文明建设的典型做法，浙江

---

① 2003 年，时任浙江省委书记习近平作出"发挥八个方面的优势""推进八个方面的举措"的决策部署，简称"八八战略"。

省美丽浙江建设小组办公室（以下简称"美丽办"）组织开展了生态文明建设实践体验地评选工作，并评选出了第一批13个生态文明建设实践体验地。2023年2月以来，美丽办围绕习近平生态文明思想的科学内涵"十个坚持"，面向首批生态文明建设实践体验地所在县（市、区）征选生态文明建设实践体验地典型案例，具体包含示范点、示范带、全域示范等三种类型，重点突出各地在"八八战略"指导下，20年来坚定不移践行习近平生态文明思想的实践做法。在此基础上，开展《生态文明之花开遍之江大地——浙江省首批生态文明建设实践体验地概览》的编撰，经技术组多轮修改和专家评审，择优选取了71个典型案例，以期在全省乃至全国生态文明建设领域提供地方经验。

当前，浙江已经踏上了实现第二个百年奋斗目标的新征程，2020年习近平总书记考察浙江时赋予浙江"重要窗口"的新目标新定位，以习近平同志为核心的党中央赋予浙江高质量发展建设共同富裕示范区的新使命。2023年9月，习近平总书记在浙江考察时强调始终干在实处走在前列勇立潮头，奋力谱写中国式现代化浙江新篇章。浙江省委十五届三次全体（扩大）会议提出坚定不移深入实施"八八战略"，打造生态文明绿色发展标杆之地，在美丽中国建设上发挥示范引领作用。面临新形势新要求，我们更有基础、更有条件、更有责任推动生态文明建设迈上更高台阶。生态文明建设是一项长期的系统性工程，今后浙江依然要坚守"一张蓝图绘到底"的接力精神，继续全方位、高标准地推进生态文明建设，最终高水平实现人与自然和谐共生的现代化。

本书编写组

2023年11月

目录
CONTENTS

第一篇

以党的全面领导为统领，推动生态文明共商共建共治共享

003　岱山东海渔嫂撑起渔区环境保护"半边天"

006　北仑"绿满港城"探索工业地区公众参与新路径

009　嘉善"生态绿色加油站"开辟全民共建生态文明新模式

012　开化金星村党建引领"人人有事做，家家有收入"

016　遂昌王村口镇革命老区"红古绿"融合描绘乡村新画卷

020　淳安创新探索"大下姜"乡村联合体发展模式

023　浦江嵩溪古村践行全民参与生态文明建设新风尚

第二篇

以"绿水青山就是金山银山"为指引，不断拓宽生态富民路径

029　安吉两山合作社促生态有"身价"

033　新昌"唐诗之路"深耕文旅融合实现山绿民富

037　遂昌点绿成金，打造"绿洲中的黄金之旅"

040　新昌外婆坑村一片茶叶一抹风情走出共富振兴路

043　开化根缘小镇"根旅融合"焕发产业新气象

046　德清莫干山一个山谷绽放"美丽经济"

049　洞头海霞村以红色土地铺就绿色发展之路

052　安吉余村走好"两山"路，成就"绿富美"

056　淳安百草临岐打造淳北生态康养圣地

060　新昌梅渚村文旅"联姻"，激活古村新魅力

063　安吉"醉美两山路·难忘白茶香"

067　嘉善勾勒"生态美"，绘就"产业绿"，构筑共富路

071　安吉鲁家村生态产业导入助力乡村蝶变

074　仙居步路乡"一颗杨梅"延出"杨梅经济"

078　临安"青山富民、绿水开源"生态农业示范带

081　岱山打造文体旅融合滨海风情线

085　仙居打造文旅融合"两山"转化之路

088　岱山双合村"石头"转出渔村好光景

091　浦江虞宅乡"四村联合"共建共享绿色生态

第三篇

以环境保护制度创新为动力，持续增进人民群众生态福祉

097　淳安"千岛湖标准"绘就泱泱秀水画中游

101　浦江治水涅槃之路

104　安吉生态联勤护航绿水青山

107　北仑梅山湾从"黄沙水"蝶变"蔚蓝海"

110　淳安水上研学路，问水寻源助保护

113　开化下淤村治水惠民，打造现代桃花源

116　新昌大佛寺精雕细琢城中花园

119　浦江翠湖治水绘新卷

122　开化建设百里金溪画廊，推动"一江清水送下游"

125　洞头区东岙村蓝湾整治打造海岸生态修复金名片

第四篇

以减污降碳协同增效为抓手，不断提高生态文明建设的绿色发展成色

131　安吉竹林碳汇改革开辟绿色发展新路径

134　嘉善以"氢"赋能绿色低碳示范带

137　宁波舟山港以"零碳"港区建设探索绿色发展路径

140　嘉善竹小汇从"废旧村落"变身为全国首个"零碳聚落"

143　嘉善钢铁小镇以"两创中心"撬动产业二次腾飞

146　浦江破立并举铸"晶"品

148　临安区青山湖打造"零碳"智慧科技城

151　新昌智能装备小镇借力智造"新动能"迈入发展"快车道"

第五篇

以人与自然和谐共生为导向，大力提升生态系统多样性稳定性持续性

157　开化钱江源国家公园守护生物多样性，打造共生家园

161　仙居以博物馆为媒助推生物多样性保护

164　临安立体式呵护"浙西精灵"

167　北仑打造"山海"生物多样性品牌，绘就工业城市"不一样的风景"

171　嘉善盛家湾三水统筹、三生融合，铺就萤火虫回"嘉"路

175　洞头鹿西岛深耕海岛鸟类保护，打造最佳离岛候鸟观测地

178　淳安千汾线生态旅游带，诗情画意尽现其中

182　遂昌九龙山乘"绿"而上，共建共享绿色美好家园

185　德清下渚湖一只朱鹮孕育美丽环境

188　遂昌湖山乡站在"智"高点，赋能仙侠湖生态蝶变

191　岱山唤醒沉睡盐田，书写"火箭经验"

194　洞头坚持海岛、海湾、海滩生态修复　重塑海上大花园

198　德清名山美湖"点绿成金"示范带

201　嘉善梦里水乡人与自然和谐共生之旅示范带

第六篇

开拓生态文明建设新路径，绘就全域共富大美新画卷

207　临安打造生态富民新高地

211　淳安持续深化"四保"，守护千岛湖饮水安全

215　北仑高质量推动港产城人融合发展

219　洞头深耕海洋价值转化，开辟蓝色富民新路

222　德清聚力擘画生态"含绿"发展"含金"共富大美新图景

225　安吉在绿水青山中奏响共富新乐章

228　嘉善筑牢绿基底，奋进"双示范"

231　新昌生态文明建设"遍地花香"

234　浦江十年治水护绿增金

237　岱山推动清洁能源产业，赋能绿色高质量发展

240　开化着力打造钱江源生物多样性保护高地

243　仙居以山活景，以水兴旅

247　遂昌坚持以"绿"带"富"推动高质量发展

后记　/　251

第一篇

以党的全面领导为统领，推动生态文明共商共建共治共享

中国共产党带领人民建设我们的国家，创造更加幸福美好的生活，秉持的一个理念就是搞好生态文明。

生态文明是人民群众共同参与共同建设共同享有的事业。

每个人都是生态环境的保护者、建设者、受益者，没有哪个人是旁观者、局外人、批评家，谁也不能只说不做、置身事外。

——《习近平生态文明思想学习纲要》

办好中国的事情，关键在党。党的二十大明确指出，坚持和加强党的全面领导，坚决维护党中央权威和集中统一领导，把党的领导落实到党和国家事业各领域各方面各环节。生态文明建设是统筹推进中国特色社会主义事业"五位一体"总体布局和协调推进"四个全面"战略布局的重要内容，党的全面领导具有"把舵定向"的重大作用。浙江谨遵习近平总书记关于加强生态文化培育、强化全民行动的重要指示，着力构建党领导下的现代环境治理体系，从弘扬优秀传统生态文化、推进生态文明宣传教育、倡导绿色低碳生活方式、推进生态文明示范创建等方面，积极推动政府、企业、公众和社会团体参与生态环境共商共建共治共享，使生态文明建设成为每个公民的行动自觉，形成了全民共同推动美丽浙江建设的宏伟格局。

　　本板块主要选取浙江省各地在生态文明建设过程中"坚持党对生态文明建设的全面领导""坚持生态兴则文明兴""坚持把建设美丽中国转化为全体人民自觉行动""坚持共谋全球生态文明建设之路"四个方面的 7 个案例，包括嘉善"生态绿色加油站"开辟全民共建生态文明新模式、开化金星村党建引领"人人有事做，家家有收入"、遂昌王村口镇革命老区"红古绿"融合描绘乡村新画卷等案例，重点展示浙江各地在生态文明建设中坚持党的领导、全民行动自觉等特色实践。

岱山

东海渔嫂撑起渔区环境保护"半边天"

　　过去人们总把大海当成一个巨型垃圾桶，电池、瓶子、塑料袋等在海岸线随处可见。渔民出去劳作，一网下去半网垃圾。舟山市岱山县有近2000艘渔船，由此带来的海洋污染情况严重。2017年8月，长涂镇东海渔嫂协会（以下简称协会）成立，协会下辖安全宣传队、海洋环保队、渔嫂文艺队、为民服务队、电商创业队等志愿队伍，在促进渔业生产、服务渔民群众、净化渔区环境、保护海洋生态中发挥着重要作用。协会以"渔嫂微家"为阵地，带动更多的人关注和参与海上垃圾分类，以行动促宣传，做到"每个人都是生态环境的保护者、建设者、受益

东海渔嫂宣传海上垃圾分类

者，没有哪个人是旁观者、局外人、批评家"。"东海渔嫂"作为岱山"海上枫桥经验"的重要组成部分，受到全国妇联、浙江省委政法委的高度肯定，并以群像获评"全国巾帼志愿服务十大感动人物"。

率先有为，大胆实践。面对保护形势日趋严峻的海洋环境，从 2020 年 4 月开始，协会在全县率先发出"海洋垃圾带回港"的倡议，得到了广大渔民的拥护和支持。协会建立镇、村两级培训机制，滚动开展海上垃圾分类知识技能培训，始终致力于渔嫂自治和党员带头相结合、志愿行动和专业支撑相结合，充分发挥"东海渔嫂"志愿骨干在推进海上垃圾分类中的引领示范作用。截至 2022 年，累计回收渔用废电池近 5 万节，空瓶超 5 万只，废蟹笼近 2 万只，共计回收垃圾超过 100 吨。

东海渔嫂在回收废网

创新作为，重点突出。协会从首批 13 艘流刺网渔船和 6 艘雷达网渔船开始试点，从出海作业天数少、垃圾量小的渔船开始探索，逐步将海上垃圾分类推广辐射到全镇 100 艘渔船。自制"红、绿、蓝"三色渔网环保垃圾袋，科学区分"有害垃圾""可回收垃圾""其他垃圾"，有效解决了分类垃圾桶占用空间大、搬运不便的问题。协会与船老大签订《海上垃圾分类承诺书》，有效提高了分类垃坂袋的使用率。针对干电池类垃圾，协会统一购置船用电池并粘贴自制标签，以低于市场的价格销售给渔船，并且给予船老大们每节电池 5 毛钱的补贴进行以旧换新，提高船老大参与废电池回收的积极性。

担当善为，同频共振。以家庭为主阵地，倡导东海渔嫂充分发挥妇女在家庭中的独特作用，常念"生态环保经"，将垃圾分类理念深入每一户家庭，实现了"1+1 ＞ 2"的效果，有效促进"影响一个家庭，带动一个渔区"。不断延伸东海渔嫂十大员内涵，升级打造渔安员、净海员队伍，深入街头巷角、甲板码头，传达海上垃圾分类理念。渔哥渔嫂蓝港巡逻队常态化开展"蓝海守护侠，无废行动""主妇当家，垃圾分家"等生态公益活动，利用海上作业间隙和休渔期，不定期开展渔港巡逻和净滩行动，带动更多的人关注和参与海上垃圾分类，以行动促宣传。

编 者 说

建设美丽中国是全体人民的共同事业，保护环境是每个人的责任，人人都应该做践行者、推动者。东海渔嫂中蕴含着巨大的"群众力量"，通过发挥东海渔嫂的女性力量，引领广大渔嫂积极参与海上垃圾分类，大力推动形成绿色发展方式和生活方式，增强了渔区人民的节约意识、环保意识、生态意识，营造了人人关心生态环境保护，人人参与生态文明建设的良好氛围。"东海渔嫂"这一社会组织参与海洋环境保护的模式，实现了政府治理和社会调节、居民自治的良性互动，呈现了一个构建生态治理共同体的生动样本，有力地推动了生态文明建设在海岛渔区的生动实践，展示了新时代女性参与生态文明建设的"岱山样本"。

北仑

"绿满港城"探索工业地区公众参与新路径

宁波市北仑区作为临港产业集聚区，产业集中布局，群众环境诉求多、要求高、压力大。为进一步拓宽习近平生态文明思想的传播途径，提升辖区公众的生态文明意识，将建设"美丽北仑"转化为全体人民的自觉行动，北仑区以浙江省首个生态文明教育馆为核心，以开展"市民眼中的生态北仑"活动为主线，吸收组建了12支环保志愿者队伍，成立全国首个区县级"两山"环保基金会，打造了"绿满港城"公众参与品牌，实现了以"1+X"的方式多渠道、多主体、多手段引领公众参与环境保护，全区习近平生态文明思想的传播实践呈现多样化。2020年，北仑区"绿满港城"行动获评"美丽中国 我是行动者"十佳公众参与案例；2021年，北仑区环保志愿者大队大队长荣获全国百名最美环保志愿者；2022年，宁波市北仑环保固废处置有限公司荣获"美丽中国 我是行动者"十

"绿满港城"生态月主题活动

佳环保设施开放单位；2022 年，全区生态环境公众满意度全省排名从第 82 位提升至第 40 位。

建成浙江省首个生态文明教育馆。投资 1500 万元，建成浙江省首个以"绿水青山就是金山银山"为主题的生态文明教育馆，集中展示习近平生态文明思想、区域生态文明成果及开展科普宣传活动，使之成为全区对外展示生态文明建设成果和公众参与生态环境保护的一个重要平台和窗口。自开馆以来，生态文明教育馆先后被命名为省市生态文明教育基地、省市科普教育基地、全省生态环境系统主题党日活动基地、市区爱国主义教育基地等，截至 2002 年累计接待访客 7 万余人次。

宁波生态文明教育馆

组建公众监督志愿服务队伍。依托生态文明教育馆，成立了以"绿 V"为标志，由"企业环境监督员""环保义务监督员""环保志愿者"三支队伍组成的北仑环保志愿者大队，下设"绿手环""蓝海豚""岩东水循环之旅"等 12 支环保公益队伍，截至 2022 年，北仑环保志愿者大队骨干人员达 400 余人，先后组织开展生物多样性探访、民间嗅辨师环境监督、小鱼治水、植树护绿、生态音乐会等各类活动 1300 余次。持续推进重点企业环保基础设施向公众开放，通过"走进企业"系列志愿活动，推动辖区 3 家企业列入全国环保设施向公众开放单位名单，13 家企业列入市级开放单位名单，是宁波市内唯一具备国家要求的四类设施全品类开放的区（县、市）。

成立全国首个区县级"两山"环保基金会。在前期环保公益基金的基础上，持续加大"金山银山"反哺"绿水青山"力度，在 2022 年，北仑率先成立全国首个区县级"两山"环保基金会，全面保障环保公益、环保技术研发、环保宣传教育等各类项目，截至 2022 年，累计参与捐资的企业达 50 余家，筹得资金 3000 余万元，有力推动了生态文明教育实践体验活动"遍地开花"。

组织志愿者开展生物多样性保护活动

编 者 说

　　公众是生态文明建设的基石。习近平总书记指出："生态文明建设同每个人息息相关，每个人都应该做践行者、推动者。"公众参与生态文明建设，不仅能够在实践上加快"美丽中国"目标的实现，而且在精神层面上有利于全社会生态文明观的牢固树立。北仑通过开展"绿满港城"行动，分别从政府抓好主导、企业培养自觉、社会提高关切、公众强化自主四个维度，动员政府、企业、社会、公众广泛参与生态文明建设，有效实现从单一政府主导向多元主体参与转化，破解了公众参与生态文明建设的瓶颈，逐步形成全体人民共同建设"美丽北仑"的行动自觉。北仑"绿满港城"公众参与模式可为工业发达地区生态文明建设和生态文化弘扬提供参考、借鉴。

"生态绿色加油站"
开辟全民共建生态文明新模式

2019年10月，国务院批复成立长三角生态绿色一体化发展示范区，嘉兴市嘉善县姚庄镇成为先行启动区五镇之一。为积极引导形成绿色生活方式，姚庄镇横港村先行先试，通过村民自治，创新推行"'三治'积分①+金融赋能+生态绿色加油站"模式。经大力推广，该模式已覆盖姚庄镇18个村近万户农民，构建起激励引导村民齐心为生态绿色加油出力的乡村治理长效机制，打通了百姓践行生态绿色发展理念的价值实现环节，开辟了全民共建生态文明的新局面。由此，横港村成功摘下"九年调整三任书记"涣散村、"全镇第二大生猪养殖村"、"贫困边缘村"三顶帽子，成为全国民主法治示范村、省级卫生村、市级文明村。

横港村全貌

---

① "三治"积分即村民们通过完成垃圾分类、志愿服务等任务积累自治、法治、德治积分。

丰富"三治"积分内容，生态绿色指数得到提升。 横港村因村制宜丰富积分内容，将农村人居环境卫生、党员和村民主动参与村级民主议事、村级事务工作等事项纳入"自治"积分，传递民主决策、民主理事和生态绿色自治的主体理念。将农村生活垃圾分类、农村生活污水处理、秸秆等废弃农作物处置等5项内容纳入"法治"积分，明确生态绿色领域规则。将星级文明户评比、慈善公益、志愿者服务等6项内容列入"德治"积分，发挥道德引领、规范约束的内在作用。通过"三治"治理，姚庄镇农户生活污水治理率达99%，生猪养殖业转型升级220户、拆除猪棚10.48万平方米，三个出境断面水质全部为Ⅲ类，城乡生活垃圾全面实现市场化运行和分类处理，全域环境秀美，综合整治向纵深挺进，成功创建国家园林城镇和首批浙江省美丽乡村示范镇。

生态绿色加油站应用场景

把牢"三治"积分评定，村域善治模式得到认同。 紧扣公开公平原则，由村党员议事会、村两委班子联席会议、村民代表大会层层讨论表决同意，制定考核评定细则，每月或每季度开展一次考评，由党支部书记签字落实。评定积分自动存入每家每户的生态绿色银行卡，有效解决了怎么评、谁来评、评后绩效的问题。"三治"积分大大提高了村民参与村域治理的积极性，村民参与率达82.81%。2021年，中国银行嘉兴分行和嘉善县在姚庄镇联合举办了"乡村三治融合、金融赋能共赢"启动大会，将"姚庄经验"向全县域推进，以"三治"积分践行生态文明新理念、打开村域善治新局面。

加强"三治"积分实效，农村居民家庭得到实惠。 以"智慧+"强化积分监管，运用数字化手段，在姚庄镇政府大厅设立生态绿色加油总站，依托数字网络技术，连通18个行政村的生态绿色加油站，进行大数据汇总分析并公开展示。

以"金融+"模式畅通积分兑换，与中国银行合作，为姚庄镇18个村10500户村民家庭开通生态绿色银行卡，通过"三治"积分考核评定后的村民家庭单项积分，以一分一元、不计利息的方式存入生态绿色银行卡。村民可在银行卡上

横港村生态绿色加油站

持续存储积分，当金额累计超过1000元时，可到指定的银行营业网点柜台支取现金，也可到生态绿色加油站自由挑选兑换明码标价的生活必需品。截至2022年，全镇有9000多户居民参与积分活动，已有220余万积分用于兑换各类生活必需品，银行卡存余积分达130多万。

编 者 说

　　生态文明是人民群众共同参与共同建设共同享有的事业。习近平总书记指出，每个人都是生态环境的保护者、建设者、受益者，没有哪个人是旁观者、局外人、批评家。姚庄镇横港村深入践行"坚持把建设美丽中国转化为全体人民自觉行动"理念，打造"生态绿色加油站"模式，村民家庭以"三治"积分为生态绿色加油出力，使绿色生活理念深入人心、绿色生活方式蔚然成风、生态文化逐渐成为全社会共同的价值理念，人民群众真正成为生态环境治理、美丽中国建设的参与者、建设者、受益者，为新时代村域实现全民共建生态文明、共享生态福祉提供了"嘉善样板"。

开化金星村
党建引领"人人有事做，家家有收入"

金星村位于衢州市开化县城以南，距离县城 10 公里左右。2006 年，习近平总书记在浙江工作时，曾调研金星村，并留下"人人有事做，家家有收入"的殷殷嘱托。一直以来，金星村牢记习近平总书记的嘱托，深入贯彻落实习近平生态文明思想，立足金星村依山傍水、生态优美的区位优势，践行"坚持党对生态文明建设的全面指导"理念，充分发挥党员干部先锋模范作用，带领村民艰苦创业，大力发展生态教育、生态旅游、生态农业，走出了一条具有金星特色的发展之路，先后获得"美丽宜居浙江样板"双百村、省级基层先进党组织等荣誉称号。

一节"红课堂"引领美丽新经济。金星村深入挖掘红色教育资源，找到新的

华埠镇金星村

美丽经济增长点。2021 年，金星村与开化县两山投资集团有限公司联合成立了初心培训公司，建成"初心照耀"共富工坊，配套完善了会议培训、民宿酒店、党建活动等基础设施建设，在全省率先开办乡村振兴讲堂，打造"银杏树下话党恩""总书记的金星情"等红色教育精品课程，大力发展会务、培训产业，每年承接各类培训班 500 余批次，为村集体经济带来近百万元的收入，实现区域内经济发展和村民致富增收。2021 年，金星村入选全国"建党百年红色旅游百条精品线路"。

一个"聚宝盆"带动乡村休闲游。金星村深入践行习近平总书记"古树也是风景，要保护利用好"的殷切嘱托，村内的千年古杏在村民们的细心呵护下已成为金星村的标志性景点。以"千年银杏树"为中心，金星村打造集农家乐、民宿、采摘游于一体的乡村休闲旅游产业，引入"新农售"等电商直播平台打开产品销路，目前全村已建成 24 家酒店、民宿。同时，为充分

金星村钱江源党建治理馆

发挥金星村的品牌效应、规模效应，金星村与毗邻的 7 个村庄、4 家企业、1 个景区等组建了"大金星联盟"，村庄、企业因地制宜、优势互补，联动发展党建研学和生态旅游，进一步放大整体效应。目前，金星村每年吸引游客 20 余万人，带动了 200 多户农户从事乡村旅游。

一片"金叶子"助推农业增值增收。 茗茶产业是金星村富民增收的重要渠道。在村党支部的带领下，金星村引进茶叶优质幼苗，成立茗茶专业合作社，推进茶叶品牌化发展，已实现家家户户种茗茶，茶农从 2006 年的两三户发展到 2022 年的 220 余户，茶园面积扩大到 1000 多亩①，人均 1 亩茶园，户均增收 2.5 万元，"绿叶子"真正成为"金叶子"。同时，村党支部广泛发动村民回乡创业，鼓励村民通过房屋租赁、村民入股等方式投入乡村建设。2022 年，村集体经营性收入从2006 年的不到 1 万元提高到 150 万元，村民人均收入由 6000 元提高到 4.25 万元，外出务工劳动力占比减少到 1/8。

金星村茶园

---

① 1 亩 ≈ 666.7 平方米。

编 者 说

　　党的十八大以来，我国生态文明建设之所以取得历史性成就、发生历史性变革，根本原因在于坚持党对生态文明建设的全面领导。金星村牢记习近平总书记的殷殷嘱托，牢牢坚守"人人有事做，家家有收入"的初心使命，在乡村生态文明建设和绿色产业发展中，切实发挥基层党组织的战斗堡垒和模范带头作用，不断增强村集体的凝聚力和战斗力，带领全村人民从一节"红课堂"、一个"聚宝盆"、一片"金叶子"3个小切口探索出一条党建引领经济、生态互融共生的脱贫致富新路子，不断推进美丽山水与美丽经济相融、美丽生态与美丽财富共生、美丽环境与美丽生活相谐，实现了乡村高质量发展，广大村民也由此享受到了巨大的生态红利。其做法可为其他地区加强党对生态文明建设的领导提供有益借鉴。

遂昌王村口镇
革命老区"红古绿"融合描绘乡村新画卷

王村口镇位于浙江省丽水市遂昌县西南部,地处国家级自然保护区九龙山东麓,总面积约 165 平方公里,森林覆盖率达到 87% 以上,境内河流地表水质常年保持 I 类水标准,是名副其实的真山、真水、真生态。境内红色旅游资源丰富,多处革命遗址被命名为省级、市级、县级爱国主义教育基地和文物保护单位。近年来,王村口镇积极探索用红色资源教化人、用古色资源吸引人、用绿色资源留住人,点燃了浙西南古镇发展的"红色引擎",走出了一条"红古绿"融

王村口镇古镇生态环境

王村口镇的"沉浸式"红色教学

合发展的特色乡村振兴之路。王村口镇已创成国家生态产品价值实现机制示范乡镇、省旅游风情小镇、省首批 5A 级景区镇、浙江省历史文化名镇等，并入选中央专项彩票公益金支持欠发达革命老区乡村振兴项目建设试点。

坚持习近平生态文明思想的引领，擦亮"红色"品牌。王村口镇坚持习近平生态文明思想科学指引，不断总结和发扬党领导生态文明建设的宝贵经验，擦亮红色研学品牌，把革命历史资源有效转化为生动的理想信念教育资源，把家门口的红色教育基地变为党史学习教育的热门"打卡地"，先后建成中国工农红军挺进师纪念馆、1942 遂昌民众营救美国飞行员纪念馆、刘英粟裕纪念馆等研学培训教学点，新建浙西南红色研学基地、浙西南研学营地等研学培训教育场所，成立浙西南培训中心等研学培训机构，精心设计"重走红军路""夜袭白鹤尖"等 10 余项沉浸式"红 + 绿"教育课程和实践活动。坚持激发人才活力，释放发展动力，把本土人才培养、本土人才队伍壮大作为推动红绿文化发展、乡村振兴的重要力量。截至 2022 年，累计培养农业技能人才、非遗传承人才、创业创新人才等各类本土人才 350 余人，组建了一支年龄结构优、讲解质量高的红绿文化讲解员队伍。截至2022年，累计开展党员、干部、学生等群体培训教育2000余期、培训人数达16.1万余人次，产生培训效益约4000万元。

坚持党对生态文明重大工程的领导，打造"古色"底蕴。近年来，王村口镇政府坚持高标站位，科学谋划，通过牢牢抓住项目建设这个"牛鼻子"，加快旅游、文创、商贸等服务业的创新、集聚发展，不断提升红色古镇能级。通过统一规划、改造，王村口镇打造了别具风情的"1935文旅街区"，重现了1935年红军挺进师进入王村口时的情景。截至2022年，该项目已吸引几十家传统特色小店进驻，其中2/3的经营者是当地村民。为了鼓励和引导本地居民、社会资本参与文旅街区的运营管理，王村口镇成立商会，出台《文旅街区奖励扶持政策》，举办妈祖文化节、红军古道越野赛、九龙过江舞端阳、啤酒音乐节等活动，充分展现小镇风情。2022年，全镇旅游人数达到20.3万余人次，经济收入超过6200万元。

坚持党对全面绿色低碳转型的领导，共享"绿色"红利。近年来，王村口镇坚持绿色发展，依托生态优势，走生产发展、生活富裕、生态良好的文明发展道路。高标准推进农村饮用水质量提升、农村生活污水治理、生活垃圾分类

王村口镇百里红军古道越野赛

处置等人居环境改善工程。投入资金 3700 余万元，新建污水处理终端 5 个、农村生活垃圾减量化处理站 2 个、垃圾分拣站 1 个、饮用水厂 12 家，惠及 11 个行政村 6600 余名村民。完善绿水青山的产权制度、保护制度、交易制度，实施的森林经营碳汇项目完成交易 12.12 万元。制定《生态农产品市场准入标准模式图》等 20 余项标准规范，大力发展高山蔬菜、茶叶、中药材等"800+"健康农业产业，培育出红军饭（米）、红军茶、红军酒等特色农产品。通过遂昌县绿跃高山蔬菜专业合作社流转了 650 多亩复垦旱地，创立了"班春·语"高山蔬菜品牌，年销售额超 1200 万元，带动农户增收 500 多万元。2022 年，王村口镇实现村集体经济总收入 374.75 万元，农民人均收入 24536 元，其中低收入农户人均增收 3000 元。

编 者 说

中国共产党是中国特色社会主义事业的领导核心，是生态文明建设的核心领导力量。生态文明建设是一项长期的战略任务，必须坚持和加强党对生态文明建设的全面领导。王村口镇始终坚持党对生态文明重大工程和全面绿色低碳转型的领导，将自然生态作为最宝贵的资源和财富，不断挖掘和利用革命老区红色资源和古色底蕴，以绿色为底、红色为脉、古色为辅，深挖"红色＋古镇＋绿色"的特色优势，多视角推动"组织＋产业＋文化＋生态＋N"全面性融合式发展，走出了一条"红古绿"融合发展的乡村振兴特色之路，为革命老区乡村生态振兴提供了"遂昌样板"。

淳安
创新探索"大下姜"乡村联合体发展模式

　　20 年前的下姜村是淳安县西南大山深处一个资源匮乏、贫穷偏远的小山村，是远近闻名的"穷山沟"。2003—2007 年，时任浙江省委书记习近平多次来到下姜村实地考察，和乡亲们一起探索科学发展、脱贫致富的路子，留下了"七到淳安、四到下姜、五次回信"的佳话。在"千万工程"的助推下，下姜村先后建成精品水果园、林下中药材基地、下姜人家餐厅、民宿、乡村酒吧等经济实体，走出了一条从"脏乱差"到"绿富美"的乡村振兴之路，实现了"半年粮，烧木炭，有女莫嫁下姜郎"到"瓜果香，民宿忙，游人如织到下姜"的华丽蝶变。下姜村发挥示范引领作用，联动周边融合发展，创新探索"大下姜"乡村振兴联合体模式，助力淳安找到一条推进共同富裕的新路径。下姜村牵手周边 24 个村共同奋斗的故事在党的二十大首场"党代表通道"中向中外媒体记者讲述，并入选全国"乡村振兴典型案例"和浙江省"改革创新最佳实践案例"。

下姜村俯瞰全景

从"脏乱差"到"绿富美"的华丽蝶变。从前的下姜村交通不便、人均耕地少，村民迫于生计，家家户户烧炭、养猪，几年间，山上的树就被砍得所剩无几，群山露出片片黄土，村里露天厕所、猪圈遍布，污水横流。2003 年 4 月，时任浙江省委书记习近平辗转来到下姜村，看着被砍"秃"的山，他说"要给青山留个帽"；看着脏乱差的村容村貌，他建议修建沼气池。下姜村就此开启了修建沼气池、封山育林的人居环境蝶变之路。在习近平总书记的亲自指导下，下姜村坚定绿色发展理念，先后编制《村庄整治规划》《农业产业规划》，完成了河道清淤、污水处理等项目。以打造景区村庄为基础，发展农旅融合、民宿产业等多种业态，建设农业休闲观光、民俗文化体验等项目。成立景区管理公司和民宿协会，按照"公司 + 农户"的形式，实行规划、管理、营销、分客、结算"五统一"运作模式，推动 37 家民宿捆绑抱团发展。

2019 年，下姜村入选全国首批乡村旅游重点村，依托生态环境资源，持续打造"深绿产业"。2022 年，下姜村集体经济总收入达 153.39 万元。

下姜村为全国首批乡村旅游重点村

从"下姜村"到"大下姜"的完美融合。2018 年 3 月，杭州市出台《下姜村及周边地区乡村振兴发展规划》，探索以下姜村为龙头、多村统筹协作的乡村振兴共富之路。按照"跳出下姜，发展下姜"的思路，2019 年，淳安县以下姜村为龙头，携手周边 24 个村共同打造"大下姜"乡村振兴联合体，成立"千岛湖·大下姜"乡村振兴联合体党委和理事会，通过平台共建、资源共享、产业共兴、品牌共塑，实现"大下姜"区域联合发展、互利共赢。2020 年 4 月 13 日，习近平总书记寄语下姜村全体干部群众，发扬先富帮后富精神，带动周边走共同富裕之路。下姜村牢记总书记嘱托，将发展红利逐渐向周边地区输出。2022 年，"大下姜"乡村振兴联合体实现集体经济总收入 2617.84 万元，全部完成"5030"（村集体总收入 50 万元、经营性收入 30 万元）消薄任务，共接待游客 73.56 万人次，实现旅游收入 10550 万元。

书记进城卖山货

编 者 说

习近平总书记对下姜村生态文明建设的一系列指示批示精神，不仅为下姜村留下了绿色发展理念，也为"大下姜"乡村振兴和走向共同富裕提供了理论指引和实践基础。下姜村把生态资源作为最宝贵的核心资源，立足山区特色，重新组合生产要素，加强基层组织建设，依托绿水青山发展休闲农业和乡村旅游，取得了显著成效。在此基础上，下姜村沿着总书记指引的"先富带动后富"道路奋勇前进，成立"大下姜"乡村振兴联合体，通过平台共建、资源共享、产业共兴、品牌共塑，实现"大下姜"区域抱团发展，开辟出一条以下姜村为龙头、多村统筹协作，以"党建强"带动"产业兴"、实现"共同富"的乡村振兴新路，形成了"心往一处想、劲往一处使，先富帮后富、区域共同富"的"大下姜"乡村振兴联合体高质量发展模式，为大量山区乡村的振兴提供了良好借鉴。

浦江嵩溪古村

践行全民参与生态文明建设新风尚

嵩溪古村位于金华市浦江县东北部，拥有 800 年历史。全村有 1560 间古建筑、970 余户居民、2800 余人口，藏于深山，是闻名遐迩的中国历史文化名村。早年间，嵩溪古村也曾存在污水横流、旱厕遍布等问题，生态环境不如人意。面对棘手的环境问题，嵩溪村启动古村落保护，人人自治自觉维护美丽生态，在最大限度内有效保护古民居和村落。如今，全村呈现出"村幽、屋美、山奇、水清、人贤"的秀美景色，该村入选浙江省第二批未来乡村，荣获"第一批中国传统古村落"、"美丽宜居浙江样板"双百村、"浙江省美丽乡村特色精品村"、"浙江省休闲旅游示范村"和"浙江省历史文化（传统）村落保护利用重点村"等称号。2022 年，嵩溪古村接待游客 20.6 万人次，实现旅游总收入 200 余万元。

嵩溪古村风貌

嵩溪古村落

加强顶层设计，明确发展思路。遵循以人为本、着眼长远的原则，嵩溪古村编制印发了《嵩溪历史文化村落保护利用规划》《嵩溪"双溪"综合整治工作方案》，延续古村传统空间布局，着力恢复嵩溪水生态，40 多幢 1560 余间明清时期的古建筑得到完整保留，明溪、暗溪 2 条溪流清水潺潺，蜿蜒碧波在古建筑群簇拥的村落中徐徐流淌，形成了独具灵气的村落景观。

坚持思想先导，形成公序良俗。嵩溪古村以"清三河"行动为抓手，利用村民大会、黑板报、横幅标语等形式，广泛宣传"五水共治"、新农村建设及环境综合整治行动的意义。村干部入户走访宣传，发动村民做生态文明理念的积极传播者和模范践行者，自发形成生态环境保护"村民公序良俗"。同时，村干部带头整治生态环境，在"两委"干部的带动下，80 余名党员负责 17 个责任区的不定期保洁，确保责任区干净整洁。通过党员干部带头干、村民群众自发干，嵩溪村逐渐形成"人人动手，户户整治，个个文明"的氛围和合力，确保"路面没有一个烟蒂，河中不见一点垃圾"。

强化生态赋能，激发文化底蕴。嵩溪古村延续原生态的生活气息、风土人情，积极挖掘历史价值、生态价值、文化价值，促使生态赋能嵩溪。目前，嵩溪村已形成"建筑、石灰、生态、家族、民俗、诗词、书画、农耕、饮食、廉政"十大文化元素，建成国家 4A 级旅游景区，充分激发出了乡村产业振兴活力。

编 者 说

　　人不负青山、青山定不负人。保护环境是每个人的责任，人人都应该做践行者、推动者，坚持把建设美丽中国转化为全体人民的自觉行动。嵩溪村委积极引导村民全员参与环境治理，通过思想引领，规范引导公众实践，推动知行合一，使村民的生活观念和消费行为趋于生态化、科学化、健康化，在养成绿色生活方式的同时，涵养生态道德。村民各尽所能的小行动带来扮靓生态的大效应，村落环境风貌大幅提升，遗存生态空间全面活化。该案例可为古村落推动全民参与生态文明实践提供借鉴。

　　只要能够把生态环境优势转化为生态农业、生态工业、生态旅游等生态经济的优势，那么绿水青山也就变成了金山银山。

　　绿水青山既是自然财富、生态财富，又是社会财富、经济财富。要把绿水青山建得更美，把金山银山做得更大，切实做到生态效益、经济效益、社会效益同步提升，实现百姓富、生态美的有机统一。

——《习近平生态文明思想学习纲要》

2005 年，时任浙江省委书记习近平同志在安吉县余村考察时首次提出"绿水青山就是金山银山"理念。十八年来，这一理念内涵不断深化，已成为全国大力推进生态文明建设的核心思想。党的二十大报告对"推动绿色发展，促进人与自然和谐共生"作出重大安排部署，强调必须牢固树立和践行"绿水青山就是金山银山"理念，站在人与自然和谐共生的高度谋划发展。正确处理好生态环境保护和发展的关系，是实现可持续发展的内在要求，也是推进现代化建设的重大原则。浙江作为"绿水青山就是金山银山"理念的发源地和率先实践地，坚定不移保护"绿水青山"，以经济生态化和生态经济化为主轴，大力发展美丽经济，探索生态产品价值实现机制，努力把"绿水青山"蕴含的生态价值转化为"金山银山"，实现环境保护与经济发展共赢，不断提升共同富裕的绿色发展成色。

本板块主要选取了浙江省各地在生态文明建设过程中坚持"绿水青山就是金山银山"理念的 19 个案例，展现安吉县两山合作社、新昌县"唐诗之路"文旅融合、遂昌县点绿成金"黄金之旅"、外婆坑村民族民俗文化旅游、开化县"根旅融合"、德清县莫干山民宿产业等转化模式。

安吉

两山合作社促生态有"身价"

生态本身就是经济，然而在推动自然资源向资产转化的过程中，安吉县生态资源存在"低散乱"的问题，难以进行集约化利用，导致自然资源难度量、难抵押、难交易、难变现，甚至出现荒废现象。为有效解决这些问题，推动自然资源的高质量转化，2020年以来，安吉县以数字化改革为牵引，结合16年忠实践行"绿水青山就是金山银山"理念的实践经验，借鉴商业银行"分散化输入、集中式输出"模式，率先在全省开展"两山银行"（后改名两山合作社）建设，首次从全县域层面将零散的生态资源进行分类调查、规范确权、集中收储和特色转

安吉两山合作社，借鉴商业银行理念建立

化，并在一系列探索中持续推动资源变资产、资产变资本、农民变股东，有效拓宽了共同富裕的基层实践路径，构建起一张覆盖全域、高效集约的生态资源转化网络。

更集约，打造资源"一张图"。安吉两山合作社作为生态资源资产开发经营的服务平台，首个目标就是摸清"家底"。这些家底不仅包含山水林田湖草等自然资源，还包括与之相关的适合集中经营的农村宅基地、农村集体建设经营性用地，需要集中保护开发的耕地、园地、林地以及可供集中经营的村落、集镇、闲置农房、集体资产等。两山合作社利用卫星遥感、区块链等数字化手段开展资源调查，建立起生态资源大数据系统，形成县域生态资源清单、产权清单。截至2022年，已联通15个业务部门、11套数源系统，整合181项数据、289项资源图层，形成以资源规划、生态环保、农业农村等部门的数据为基础，以生态系统生产总值（GEP）核算为支撑的"生态资源管理应用一张图"，让"零敲碎打"的生态资源在数字大屏上一览无余。

安吉两山合作社数智平台

更高效，实现运营"一盘棋"。通过租赁、入股、托管、赎买等形式集中收储至两山合作社的闲置资源及低效开发项目，由经营公司对分散资源进行整合提升，形成集中连片优质的自然资源资产项目包，建成项目库。经营公司统一开展项目招商引资，发展现代农业、乡村旅游、健康养生、文化创意等新产业新业态，提高资源综合利用效益，并实现生态资源资产转化项目"8＋X"预评审，推动生态资源项目全生命周期闭环管理。截至 2022 年，两山合作社已累计策划形成生态产品（项目）158 个，成功转化各类项目 30 个，吸引和带动社会资本投资近 175 亿元。同时，平台集成咨询、评估、策划、金融、交易五大服务中心，搭建普惠服务平台。群众或企业注册入驻后，便可自主选择政策咨询、价值评估、方案策划、融资贷款、产品交易等配套服务。

更富民，构建分配"一本账"。 为突出多方共赢，安吉探索企业、村集体、村民三方共治模式，积极引导村集体、经济组织加入两山合作社产业链，建立健全农民利益联结机制，加快推动资源变资产、资金变股金、农民变股东，并形成岗位就业、参股分红和"固定保底＋部分浮动"三大收益分配模式。截至 2022 年，两山合作社已为村集体经济增收 5000 余万元，提供就业岗位 3500 余个。特别是在 2021 年，通过上线全国首个县级竹林碳汇收储交易平台，首期完成竹林碳汇收储 14.24 万亩，合同总金额 7230.79 万元。"销售"碳汇首期收益金 4.8 万元的 70% 均反哺村级合作社，走出了一条从卖竹子到卖碳汇的竹产业发展新路子，获得中央电视台点赞。

安吉两山合作社的生态资源沙盘

编 者 说

　　针对生态资源如何高效高质转化这一问题，习近平总书记指出："要积极探索推广绿水青山转化为金山银山的路径，选择具备条件的地区开展生态产品价值实现机制试点，探索政府主导、企业和社会各界参与、市场化运作、可持续的生态产品价值实现路径。"安吉县坚持改革创新，敢于先行先试，探索创建的安吉两山合作社作为推进生态产品价值实现的载体，通过建立资源摸底、统筹规划、流转储备、整合提升、招商运营、生态反哺的生态产品价值实现闭环机制，唤醒农村大量的"沉睡"资产，实现存量资产、生态资源的价值创新与再造，推动群众增收，做深"绿水青山就是金山银山"实践转化补链、延链文章。这既是深化"绿水青山就是金山银山"转化改革的创新举措，也是生态产品价值实现的重要路径，更是促进利益联结、让各方共同受益的具体实践。两山合作社正在安吉不断释放经济价值和生态红利，也被周边多个长三角县域复制，将为推动生态产品价值实现提供样板。

新昌

"唐诗之路"
深耕文旅融合实现山绿民富

优美的自然生态环境加文学内核的精神滋养，形成了一条山水与文化融合的浙东"唐诗之路"。绍兴市新昌县是"唐诗之路"的策源地和精华地段，境内天姥山是耸立于浙东的文化名山，是道家史上的上清派"圣山"，曾吸引南北朝谢灵运以及李白、杜甫等 400 多位唐代诗人慕名前来游玩，留下《梦游天姥吟留别》等 1500 余篇不朽诗篇传颂至今。新昌依托优质生态资源，重现历史人文景观，以文化传承带动环境治理，借诗路品牌促进经济建设，推进文旅深度融合，实现以最美生态文化促进经济高质量发展。2022 年，新昌县接待游客 429.54 万人次，实现旅游总收入 62.2 亿元，增速分别居绍兴市第一和第二。

天姥连天向天横

1. 线路名称：唐诗之路。

2. 体验内容：

　　体验"唐诗之路"的绿色底色。近年来，新昌严格保护天姥山自然资源与生态环境，实现天姥山自然环境的持续改善。桃源村重点采取污水垃圾清理、荒地复绿等措施对村庄进行环境整治和绿化美化。开展长诏水库饮用水水源地水土流失综合治理，水土流失治理程度达到89.5%，现有植被质量得到有效改善，为"唐诗之路"厚植生态基底。群众通过生态旅游，可体验"唐诗之路"沿线生态环境保护成效。

　　体验文旅融合经济发展。新昌以打造浙东"唐诗之路"精华地为主线，以天姥山旅游区和大佛寺—鼓山公园为核心，构筑文旅融合的黄金旅游线，围绕"诗画""山水""佛道""名人"四大主题，打造了"天姥炉茶"中国茶市、"弥勒禅宗"大佛寺、"谢公宿处"唐诗广场、"唐风御街"海洋城、"旗鼓相当"鼓山公园等景点。紧扣"唐诗"文化品牌，完善"天姥"系列产品体系，深化"李梦白"IP文创，迭代升级"百县千礼·新昌优选"县域伴手礼体系。群众通过消费文创旅游产品，可深度体验"唐诗之路"文化精髓。

"唐诗之路"示范带线路

3. 体验时间：1天。

4. 体验线路：

　　鼓山公园—大佛寺景区—桃源村—班竹村—天姥山—会墅岭—横板桥村—黑风岭—关岭

新昌"唐诗之路"通过生态赋能及文旅融合，成功走出一条独具特色的山绿民富之路。

挖掘诗路内涵。新昌深入挖掘浙东"唐诗之路"的生态文化内涵和独特魅力，以诗歌为纽带、风景为载体打造自然与人文相融合的生态文明建设实践示范带，盘活全县的生态旅游资源，加速文旅产业转型升级。

活化诗路价值。新昌以特色资源践行"绿水青山就是金山银山"理念，以陆上"唐诗之路"和水上"唐诗之路"为线，通过农村生态环境整治和文化资源挖掘，打造一大批唐诗文化特色村，把梦中的诗意变成美丽的实景，让美丽风景变为美丽经济。

融合诗路文化。创新"文创 + 旅游"融合发展模式，成立"全国唐诗之路"发展联盟，落实浙东"唐诗之路"，利用"唐诗之路"主题线路优势，打造"吃、住、行、游、购、娱"等完整产业链，为文旅产业助推百姓共富注入新动能。

水上"唐诗之路"

编 者 说

习近平总书记指出："文化产业和旅游产业密不可分，要坚持以文塑旅、以旅彰文，推动文化和旅游融合发展，让人们在领略自然之美中感悟文化之美、陶冶心灵之美。"深刻阐明了文化和生态旅游融合发展的基本遵循。打造"唐诗之路"，挖掘文化内涵，创新文旅模式，近年来已经成为推动生态文旅产业发展的重要抓手。新昌坚持以生态为基、文化为魂、富民为本，立足生态环境保护，科学、合理、有序地寻找和开发唐诗文化资源，沿着千年文化脉络，围绕"诗城、茶城、佛城"主题，做强"浙东唐诗之路精华地"IP，高质量发展文旅经济，让文化滋养生态，用好生态孕育美丽经济，形成了可复制、可推广的生态赋能及文旅融合"新昌样板"。

遂昌

点绿成金，打造"绿洲中的黄金之旅"

遂昌金矿位于浙江省丽水市遂昌县东北部，自唐代以来一直是我国主要的矿金矿银产地，有记载的采冶历史有 1400 余年，是全国唯一"活着"的千年金矿，具有独特的矿业遗迹和文化传承。千年开采史遗留了大量的生态环境与地质安全隐患问题，导致废石遍地、废水横流，对下游的生产生活造成严重影响。近年来，遂昌金矿坚持走"生产与生态并重、治理与开发一体"的新型工业化生产路子，加大力度解决历史遗留污染问题，将全域旅游的理念融入黄金工业，大力开展矿山公园建设，打造了华东地区极具独特性的黄金工业旅游地，推动矿山经济转型升级，实现了"旅游 + 工业"的跨界融合。遂昌金矿陆续荣获"国家矿山公园""国家 AAAA 级景区""中国黄金之旅"等一系列"国字号"招牌，成

遂昌金矿北月台休闲区

为全国"绿水青山就是金山银山"实践创新培训班的现场教学点。

呵护"绿水青山"，打造绿洲中的黄金世界。为解决历史遗留的污染问题，从 2007 年起，矿区累计投入 1.8 亿元资金开展环境治理和生态恢复，通过废石堆电石渣覆盖、酸性污水电石渣中和处理、黄铁矿采空区局部封闭、清污分流污水集中治理、中和渣压滤处理、生态修复及公益林保护等一系列措施，生态环境质量显著提升。截至 2022 年，治理、修复耕地 200 余亩，保护省级公益林 1 万余亩，矿区排放的废水达到国家地表 Ⅲ 类水标准，其中绝大部分指标达到 Ⅱ 类水标准，绿化率达到 99%，空气中负氧离子含量高达每立方厘米 1 万余个，有"水中大熊猫"之称的"桃花水母"已连续多年在景区银坑山水域出现，成为人们称羡的花园式矿山。

做大"金山银山"，千年遗迹助力价值实现。矿区拥有浙闽赣地区规模最大、保存最完整、古代文献记载最翔实的金银矿冶遗址，是我国古代先进矿业技术的见证。遂昌金矿依托悠久的采掘历史和灿烂的黄金文化，把国家矿山公园千年遗

遂昌金矿承办浙江省暨遂昌县纪念第 44 个世界地球日活动

迹保护和黄金旅游开发结合在一起，创新发展黄金工业旅游，推出以"探千古黄金谜，圆往昔黄金梦"为主题的"黄金之旅"，建成"唐代金窟""明代金窟"、古代采矿冶炼模拟场景、现代黄金冶炼工艺展示区等大小景点 30 多处，建成黄金博物馆、黄金商铺一条街、黄金大酒店等配套设施，形成集观光旅游、矿业科普、休闲度假为一体的综合性园区。截至 2022 年，矿山公园共接待购票游客232.2 万人、实现旅游综合收入 4.24 亿元，在千年金窟采出了"第二金矿"。遂昌金矿先后被授予"全国生态产品价值实现机制典范""全国矿产资源节约与综合利用优秀矿山企业"等称号。

奔向美好生活，绿色惠民助推乡村振兴。矿山公园吸收了大量矿山分流人员和农村富余劳动力就业，累计新增服务业和涉农产品加工销售就业人员 1000 多人。公园建设不仅为矿山经济转型带来契机，也辐射带动了周边 36 平方公里区域旅游产业的发展，促进了农副产品的种植和销售，以及农业经济、乡村旅游和第三产业的发展。截至 2022 年，在矿山公园周边涌现了鞍山书院、古松长廊、黄金谷漂流等 10 多个景区、30 多家农家乐、20 多家民宿，解决了附近乡村 600多人就业，改善了农村的发展业态，带动新增社会总产值 2.5 亿元。

编 者 说

"绿水青山就是金山银山"是重要的发展理念，也是推进现代化建设的重大原则。遂昌金矿牢固树立"绿水青山就是金山银山"理念，深植绿色发展意识，通过实施治理修复，将资源枯竭、生态破碎的"金山银山"恢复成了"绿水青山"；同时利用矿区优美的自然环境、千年矿业的文化底蕴，积极发展旅游产业，昔日废矿摇身变为 4A 级景区，矿业遗迹资源得到保护和科学利用。遂昌金矿的绿色转型之路，使生态环境变"美"、产业结构变"洁"、发展模式变"绿"，确保了矿山在资源枯竭后的可持续发展，打通了"绿水青山"和"金山银山"的双向转化通道，成为全国矿山公园范本和资源枯竭型企业重生的典范。

新昌外婆坑村
一片茶叶一抹风情走出共富振兴路

　　20世纪90年代末，新昌县外婆坑村经济发展十分落后，全村人均年收入仅96元，村集体经济收入一无所有，在浙江省贫困村中垫底。"八十炉灶四十光（棍），有女不嫁外婆坑；三餐吃着玉米羹，缺钱缺粮缺姑娘"，是当时外婆坑村的真实写照。为改变这一困境，外婆坑村依托环境优势和古村风貌，深入践行"绿水青山就是金山银山"理念，努力探索生态环境保护与经济发展协同共进的创新之路，发展有机绿茶种植和民族特色乡村旅游，找到一条生态文明建设和经济发展相得益彰的脱贫致富路子，实现了从深度贫困村到人人羡慕的幸福村的蜕变，先后获得全国"一村一品"示范村、全国生态文化村、第二批浙江省非物质文化遗产旅游景区、浙江省生态文化基地、浙江省民俗文化旅游村等国家级、省级荣誉。

外婆坑牌坊

青山绿水环抱的外婆坑村

种出一片黄金叶。外婆坑村的自然环境优美无污染，810 米的海拔、沙性土壤、天然气候，为高品质生态茶类种植提供了得天独厚的自然条件。从 1992 年开始，外婆坑村向荒山要效益，发动村民们种植龙井茶，2 个月内开辟了 200 亩荒山，引进 10 万株名优茶，成立了新昌县第一家有机茶合作社，从品质和品牌两方面着手，进一步提档升级。外婆坑村通过建立名茶炒制规范化示范点，改变传统的采摘炒制模式，极大地提高了茶叶炒制品质；通过与科研院校合作，不断引进优新品种，在全县率先实施茶叶"圆"改"扁"，推动茶叶增值近 20 倍。同时，积极打造品牌，成功注册了自己的品牌——"外婆坑牌"龙井。全村茶园种植面积由 1991 年的 96 亩扩大到 2022 年的 1500 亩，茶叶远销杭州、上海、深圳、北京等地，总产值由原来的 4 万元增加到 1800 万元，茶叶成为村民增收致富的"金"叶子，实现荒山变青山、青山变金山。

形成一张金名片。在保持古村落传统风貌的同时，不断深化"千万工程"，大力推进"三治一提升"和垃圾分类，集中开展环境综合整治，为乡村旅游产业发展夯实基础。累计投入资金 3000 多万元，完成了民俗博物馆、游客中心、外婆一角等项目建设。同时，不断完善少数民族风情元素，利用少数民族扎染制品及玉米饼等"镜岭味道"系列土特产，打造了集古村风貌、千年风俗、民族风味于一体的江南民族村。2022 年，全年接待游客 25 万人（其中过夜人数 4 万人），村集体经济收入 109.21 万元，村民人均收入 5 万元，旅游综合收入 2400 万元，"江南民族第一村"成为外婆坑的一张致富金名片。

外婆坑村国庆长桌宴

编 者 说

"绿水青山就是金山银山"理念是乡村振兴的思想指导，是实现生态富民的重要原则。推动乡村"绿水青山"向"金山银山"转化，既要守护好绿水青山，也要利用好乡土文化。外婆坑村深入践行"绿水青山就是金山银山"理念，通过种植龙井茶、新建炒制示范点、注册"外婆坑"品牌，将生态资源优势转化成兴村富民的经济优势；同时，通过深入挖掘自然生态、历史人文、民风民俗，将原生态的古村落风貌和民族风情完美结合，打造"民族民俗文化旅游"品牌，在乡村旅游"千村一面"的同质化竞争中破局突围，有力推动经济发展与生态环境保护有机统一，走出了独具民族风情特色的深度融合发展之路。无论是以高品质见长的"外婆坑牌"龙井，还是以民族风情为特色的小古城村，都实实在在地激活了"绿色 GDP"。外婆坑村的实践为偏远山村发挥自身优势，走出特色脱贫致富路提供了良好借鉴。

开化根缘小镇

"根旅融合"焕发产业新气象

"世界根雕看中国，中国根雕在开化"。衢州市开化县根雕历史悠久，最早可追溯至唐武德时期，距今已有 1300 多年的历史。开化根雕文化包括根雕艺术、景观文化、佛教文化、儒道文化、艺术审美、收藏文化等，内涵丰富。开化县牢记习近平总书记"变种种砍砍为走走看看"的殷切嘱托，坚持"绿水青山就是金山银山"理念，"放下柴刀，拿起刻刀"，从一个小作坊开始做起，传承根雕传统技艺，将根雕产业进一步发展壮大。2015 年，开化县委、县政府借全省创建特色小镇的东风，以生态文明理念为引领，高标准打造了集风景名胜旅游区、根雕产业集聚区、文化博览休闲区、原生度假养生区、禅茶静修体验区五大板块于一体的"开化根缘小镇"，根宫佛国文化旅游区还是吉尼斯世界纪录认证的"全

根缘小镇

球最大的根雕博物馆"。依托根缘小镇，通过根艺产业与文旅产业融合发展，开化县实现了根雕产业的根本性裂变，实现了从"做根""卖根"到"赏根""品根"的华丽转型。

生"根"发芽，集群发展打造根艺之城。开化根雕以来源于世界各地的枯树废根为原材料，通过设计、雕刻变废为宝。早期开化根雕多为"低小散"家庭作坊，2003年，习近平同志在浙江工作时曾视察醉根生态园，认为根雕作为开化"五个一"特色之一，是极具代表性的。此后通过扶持，开化根雕文化艺术及产业得到迅速发展，集群效应不断显现，实现了从低小散无序发展到集聚规模化发展的华丽飞跃，形成了一批根艺品牌。2015年，开化立足5A级景区开化根宫佛国，挖掘根雕文化，延伸根雕产品，优化功能布局，举全县之力打造了集品根、赏根、寻根、卖根等功能于一体的根艺之城——开化根缘小镇。根缘小镇的建设，唤醒了沉睡地下的树根，赋予树根新的芳华。

"根"深枝茂，根旅融合促进华丽转身。早期开化就已认识到根雕产业与文旅产业融合发展的优势和前景，但由于体量小、模式单一，在业内影响力较弱。之后依托根缘小镇，从"引进来"到"走出去"，两手发力，根旅融合的步伐不断加快。一方面，通过加快投资扩体量、强化培育新兴产业、集聚人才添活力、打响品牌扩影响、创新体制优服务等方式，配套完善旅游设施，丰富各色旅游产品，陈列大型根雕艺术系列作品，展示根艺文献资料、名家名作、工艺流程，发布小镇创意文旅IP，促进观光、度假、休闲、生态、趣味、研学等各式业态不断丰富。另一方面，举办中国（开化）根雕艺术文化节等活动，积极参加威尼斯电影节，策划举办"一带一路"国际根艺文化交流周活动，"世界根雕看开化"的品牌不断打响。此外，根缘小镇还依托国家生态文明教育基地平台，不断讲好根艺作品"化腐朽为神奇"的生态故事，原本自然界即将消失的

根雕作品《老子》

中小学生走进根缘小镇

枯木废根以一件件根雕艺术品的形式得以永驻人间，成为开展生态环境保护教育的独特教材。从 2014 年开始，开化县连续 8 年游客量达到 100 万人次以上，连续 3 年"亩均效益"领跑全省。

生"根"开"化"，生态转化带动富民增收。

作为县域特色产业，根旅融合发展进一步拓宽了"绿水青山就是金山银山"的转化通道，根缘小镇辐射带动能力实现裂变跃升，平台的聚合效应日渐凸显。截至 2022 年，已经集聚了以根雕销售、旅游购物和住宿餐饮等服务业为主的企业 355 家、个体工商户 451 家，带动近万名周边群众就业，推动开化县 2022 年旅游收入达到 30 亿元。根雕文化产业的发展还使群众增收渠道进一步拓宽，特别是当地着力将根缘小镇打造成为开化农副产品集中展示平台和有效销售的平台，使之成为带动老百姓就业致富的重要渠道。

编 者 说

习近平总书记指出："绿水青山和金山银山绝不是对立的，关键在人，关键在思路。"根缘小镇立足根艺特色，转变思路，开辟新路，改变以往"做根""卖根"的低端、粗放、散乱的发展模式，通过产业转型、融合实现生态产品价值转化，实现根雕产业从低小散无序发展到集聚规模化发展，再到成为全国根雕行业龙头，从"做根""卖根"到"根旅融合"复合式多元化发展，从带动就业富民增收到文化品牌塑造远播的多重转变，打响了自身文旅 IP，走出了一条根艺产业与文旅产业融合发展的路子，为其他地区更好地促进生态产品价值实现提供了有益借鉴。

德清莫干山
一个山谷绽放"美丽经济"

莫干山位于浙江省湖州市德清县境内，因春秋末年莫邪、干将铸剑神话而得名。区域内群山连绵，环境优美，四季分明，自然资源丰富，以竹、云、泉"三胜"和清、静、绿、凉"四优"驰名中外，被誉为"江南第一山"和中国四大避暑胜地之一。10多年前，这里还是个靠山吃山的穷乡村，产业以"低小散"企业为主，旅游业虽有所发展，但以粗放的农家乐为主。2005年，在"绿水青山就是金山银山"理念的指引下，德清在全省率先建立并实施生态补偿机制，依托莫干山的名山效应，大力发展休闲旅游产业，培育了第一家"洋家乐"民宿——

莫干山裸心堡

"裸心乡"，一跃成为中国乡村旅游的一匹"黑马"。经过多年发展，逐步形成了多元化度假产业融合发展格局，成为国家级旅游度假区和蜚声海内外的中国国际乡村度假旅游目的地，被《纽约时报》评为全球最值得去的 45 个地方之一。

以保护修复筑牢山水底色。莫干山镇始终坚持在保护中发展、在发展中保护。2005 年，在生态补偿机制的带动下，开展西部地区"散乱污"企业清零行动，关闭笋厂 85 家、竹拉丝厂 44 家。持续开展"一张蓝图绘到底、一根管子接到底、一把扫帚扫到底"工程，生态环境质量不断提升，投资约 10 亿元，实施了老别墅维修改造和闲置老宅基地建筑修复、景区排污和供水提升、消防设施改造提升、景区林相改造和绿化美化提升等 30 余个项目，打造"竹海胜景""碧湖彩林""清溪绿廊，十里花果"等特色鲜明的森林旅游产品，最大限度地保留了莫干山的山水人文底色。

以顶层设计引领高端业态。2012 年起，德清县充分利用莫干山上 200 余幢房屋别墅群形成的建筑景观，打造民宿产业集群，建成全国首个服务类生态原产地保护品牌——"洋家乐"。2013 年，德清县先后编制《莫干山国际休闲旅游度假区总体规划》《环莫干山新型农家乐旅游区规划》等一系列规划方案，制定高端民宿经济准入门槛，引进有理念、有实力、注重生态、推行低碳发展方式的乡村休闲旅游项目，将西部山区逐步建设成以商务休闲、户外运动、生态观光和农村体验四大功能为主的文化旅游创意产业区，莫干山民宿产业开始走精品化、高端化的路线。

以规范管理提升行业品质。2015 年，德清县以莫干山镇为实践样本，在全国率先推出首部县级乡村民宿地方标准——《德清县乡村民宿服务质量等级划分与评定》，开启了规范化、标准化与正规化的民宿建设道路。2016 年，德清乡村民宿标准被立项为国家民宿标准。同年，成立全国首家民宿学校——莫干山民宿学院，打造民宿人才培训的"黄埔军校"。此外，莫干山镇还将行业管理和村民自治相结合，成立莫干山民宿行业协会，加强民宿的行业自律管理。通过标准化运营，莫干山民宿实现快速健康发展，成为全国的标杆。

以"旅游 +"推动模式多元。德清县依托旅游业良好的发展态势，创新旅游模式，推出"旅游 + 文创""旅游 + 体育"等新业态，培育了木亚创客、大乐之野工作室等 10 多个创客基地。先后举办了莫干山竹海马拉松、全国山地自行车公开赛等大型体育活动，山浩户外运动基地和 DISCOVERY 探索极限基地项目

莫梵民宿

分别成为省运动休闲旅游示范基地和中国体育十大创新示范项目。

以景村联动助力乡村振兴。 莫干山民宿、旅游等产业多元化发展，也拓宽了农民增收渠道。据统计，截至2022年，西部农房出租共计300余幢，平均每幢每年收入6万多元，仅农房出租一项，就为当地增收1800余万元。同时，"洋家乐"的蓬勃发展，带动全镇直接就业人员5000余人，更为县内吸收直接从业人员6000余人，有效解决了县内部分就业问题。

编 者 说

习近平总书记指出："你保护生态，生态也会回馈你。"德清县凭借莫干山得天独厚的自然地理和人文条件，通过打造以"裸心乡"为代表的"洋家乐"品牌，探索中国高端精品民宿的规范化、标准化、品质化发展路径，创造了具有德清特色的乡村高端旅游模式，实现护美绿水青山促生态提质、创新文旅业态让产业增值。利用"好风景"引来"新经济"，利用"新经济"护美"好风景"，德清乡村休闲旅游产业发展模式，形成了生态旅游发展与百姓增收致富相互促进、"绿水青山"与"金山银山"良性循环的发展局面，为乡村民宿发展提供了"莫干山样本"。

洞头海霞村

以红色土地铺就绿色发展之路

　　海霞村位于温州市洞头区东北面，依山傍海，风景秀丽。20世纪60年代，洞头一群普通的渔家姑娘扛起钢枪，投身海防，孕育形成"爱岛尚武，励志奉献"的"海霞精神"，其先进事迹被拍成电影《海霞》。海霞村也因洞头先锋女子民兵连的先进事迹而闻名全国。2003年，时任浙江省委书记习近平同志在洞头考察时曾强调，要充分发挥"景"的优势，充分利用自然优势与自然景观，同时要加强人文景观开发；要特别重视生态环境保护工作，坚持走可持续发展之路。海霞村牢记总书记的殷殷嘱托，在海霞精神的鼓舞下，努力打造"海霞"红色文化品牌，整合红色文旅、蓝色海洋及绿色渔村"三色"要素，打造集红色文旅与滨海休闲于一体的海岛旅居新地标，成为洞头建设"国际性旅游休闲岛"的核心组成部分。

海霞培训中心

赓续海霞精神血脉，环境蝶变展新颜。新一代的洞头先锋女子民兵连将海霞精神传承至今，新时代，她们被赋予了新的使命，不仅练刀枪，也助力环境整治提升。在"海霞精神"引领下，女子民兵连参与海滩巡查、治水剿劣、村貌提升，携手海霞村民有序推进"十乱"整治，推动入海排污口整治率达100%，拆除违章建筑共8处，累计146平方米，美丽庭院"一户一花墙"创建率达85%，海岛重现绮丽的海岸线。

加强人文景观开发，红色文旅促发展。乘着乡村振兴的东风，近年来，海霞村依托红色资源，以洞头先锋女子民兵连为基础，有效盘活红色资源，延伸红色海霞产业链。在"硬件"方面，融合打造海霞培训中心教育研学产业、海霞军事主题公园军旅体验产业、海霞青年营石厝文旅项目、海霞村共富产业，形成了"一馆一中心一营一路一园"的产业格局。海霞军事主题公园成为我国第一座海防军事主题公园。在"软件"方面，积极挖掘红色故事，打造红色教育景观带，创新推出"海霞初心之路""重走解放之路""军民联防之路"等特色线路，讲述了女民兵扎根海岛、保家卫国、军民共建的成长、战斗、守护故事。

发挥自然资源价值，生态渔村迎共富。海霞村充分发挥古村落生态环境优势，利用三面环海的自然风光及海霞军事主题公园平台发展特色旅游，统一打造独具海洋文化底蕴、洞头石厝风韵旅游文化街区，建设露营基地和婚纱摄影基地，引

青少年红色研学活动

入海霞青年营等项目，构建海霞文化＋旅游产业发展模式，形成集"吃、住、行、游、购、娱"于一体的海霞旅游体系。海霞村还通过"村企合作"模式实现功能植入，整合村中各类资源，推动餐饮、民宿等全村旅游产业多样化发展，进一步增强村集体造血功能。为进一步体现海岛特色和风情，常态化开展兼具"时尚感"和"烟火气"的"创梦海霞·共富集市"活动，人流量最高达 5000 人次 / 日。生态红色游产业带动村民新增就业岗位 300 多个，村集体年收入增收 50 余万元。

编　者　说

　　推进"绿水青山"向"金山银山"转化，要增强自我造血功能和发展能力，把生态治理和发展特色产业有机地结合起来，实现生态文明建设、生态产业化和乡村振兴协同推进。沿着习近平总书记指引的建设"海上花园"的航向，洞头海霞村以赓续红色根脉为己任，发挥海霞文化、海岛自然景观和特色石厝的资源优势，以打造全国闻名的"海霞"红色文化品牌为核心，严格保护、合理利用自然资源，借势借力提升村社人居环境，加快引进优质生态文旅项目，如今的海霞村已经变为以"海霞故里·红色小镇"为特色、宜游宜宿宜赏宜品的美丽乡村，为其他地区推动生态产业化和乡村振兴同频共振发展提供了生动案例。

安吉余村

走好"两山"路，成就"绿富美"

余村，位于浙江省湖州市安吉县天荒坪镇西侧，因地处天目山余脉而得名，曾是一个名不见经传的小山村。20世纪七八十年代，为了生存与发展，余村炸山开矿办厂，走上了"靠山吃山"的路子，虽然发展很快，但环境也越来越差。村民们回忆说，当时灰尘遮天蔽日，水泥厂、石灰厂冒出的黑烟似乌云翻滚，空气中散发的刺鼻怪味令人窒息。

2005年8月15日，时任浙江省委书记习近平走进余村，首次发表了"绿水青山就是金山银山"的科学论断。在"绿水青山就是金山银山"理念的指引下，余村人大念"山水经"，关停矿山、关闭工厂、修复环境，发展乡村旅游。如今的余村已成为国家4A级旅游景区，280户农户镶嵌在4.86平方公里的青山绿水间，

余村："绿水青山就是金山银山"理念发源地

余村全景图

1050 名村民劳作在景区里，生活在图画中。2020 年 3 月 30 日，习近平总书记时隔 15 年再次来到余村考察，了解该村多年来践行"绿水青山就是金山银山"理念、推动绿色发展发生的巨大变化，赞赏说："余村现在取得的成绩证明，绿色发展的路子是正确的，路子选对了就要坚持走下去。"

秉承生态理念，找回绿水青山。 曾经的余村依靠优质的石灰岩资源开山采矿，将"石头经济"搞得红红火火，一度成为安吉首富村，然而，矿山经济的野蛮发展却使环境遭了殃，植被破坏、灰尘漫天、溪水浑浊，不仅生态没了屏障，生命安全也没了保障。2003 年，浙江开展生态省建设试点，安吉确立了"生态立县"的发展战略。余村痛定思痛，决定按照绿色思路重新考虑村里的发展，提出关停矿山，还一片绿水青山。然而转变是艰难的，曾经多年的经济排头兵垫了底，村民没了收入来源，埋怨和质疑声四起。恰在此时，时任浙江省委书记习近平同志到余村考察，提出"绿水青山就是金山银山"的科学论断，为还在彷徨中的余村人注入了强心剂。余村自此率先走上了既要绿水青山也要金山银山的发展新路，在全县率先开展美丽乡村建设，重新编制村庄建设规划，把全村划分成生态旅游区、美丽宜居区和田园观光区 3 个区块，大力开展以"三改一拆、四边三化、五水共治"为主要内容的区域环境综合整治，关停一大批"低小散"竹制品加工企业，全面改造老厂区、旧农房、破围墙，全力整治违章建筑和违法用地，完成山塘水库修复、生态河道建设、节点景观改造和沿线坟墓搬迁，推进垃圾不落地与分类管理、截污纳管全覆盖，推行环境卫生大物业长效管理，实现了"寸山青、滴水净、无违建、零污染、靓美景"。

挖掘生态优势，唤醒金山银山。 "绿水青山"回来了，余村人开始发展美丽经济，把"绿水青山"转化成老百姓的"金山银山"。在全市开创民办旅游之先河，村集体投入 400 多万元，成功开发龙庆园旅游景点，逐步形成休闲旅游产业链。从 2015 年开始，余村开始探索"村景合一、全域经营、景区运作"的乡村旅游发展模式，完成了国家 4A 级景区创建，打响了生态旅游、绿色休闲、藏富于民的特色品牌，成为全省闻名的特色农家乐集聚区和精品民宿集群。近年来，余村又相继发展旅游＋品质农业、文化创意、乡村研学、教育培训、健康养生、生态影视、体育赛事等新业态、新元素、新产品。借助"绿水青山就是金山银山"品牌，建成了"绿色发展"展示馆，成立了全国一流的美丽乡村研学推广中心，成为全面立体地呈现生态文明教育的鲜活样本。在美丽经济的加持下，2022 年余村集体经济收入达到 1305 万元，人均纯收入达到 6.4 万元，成功入选"世界最佳旅游乡村"。

放大格局视野，开拓共富之路。 习近平总书记再次考察余村时指出，希望乡亲们坚定走可持续发展之路，在保护好生态的前提下，积极发展多种经营。跳出余村发展余村，带动周边地区走上共同富裕的道路，是余村践行新时代"绿水青山就是金山银山"理念的新篇章。2020 年，"大余村"的概念应运而生，通过联动天荒坪集镇和周边四村，成立余村"共富联合体"党建联盟，构筑"1+1+4"抱团发展格局，坚持"一村一特色"，基础设施共建共享，差异化布局产业，避免同质化竞争，实现共赢发展。2022 年，正式启动余村大景区建设，将范围拓展至 3 个乡镇 17 个行政村，通过合力打造世界级旅游景区，助推余村共同富裕现代化基本单元省级试点、乡村版未来社区、未来乡村及余村"绿水青山就是金山银山"示范区建设。当前，安吉县正一体推进余村、大余村、余村大景区三个层面的规划建设，致力于打造"绿水青山就是金山银山"旅游产业集聚区和高质量发展示范区。

编　者　说

在余村考察9天后，时任浙江省委书记习近平同志在《浙江日报》"之江新语"专栏发表《绿水青山也是金山银山》的文章，鲜明阐述了经济发展和生态环境保护的关系，指明了实现发展和保护协同共生的新路径。近20年来，余村勇担习近平总书记"绿水青山就是金山银山"理念发源地的使命，坚持做"绿水青山就是金山银山"理念的践行者和传播者，通过村庄景区化变革、资源股份化改造，让村民就近挣薪金、收租金、分股金、转盈利，打通了"绿水青山"和"金山银山"的转化通道。从开山挖矿、四处污染到竹海延绵、百姓富足，余村始终将习近平总书记的绿色发展理念贯穿始终，让自然财富、生态财富源源不断地带来社会财富、经济财富，实现了百姓富与生态美的有机统一。

淳安

百草临岐　打造淳北生态康养圣地

　　临岐镇地处国家 5A 级风景区千岛湖源头，自然生态得天独厚，森林覆盖率达 90% 以上。临岐自古生"百草"，"岐"字有"岐黄之术"之意，2200 多年前的汉代便有广泛开展中药材种植和交易活动的记载，《本草纲目》收录的"淳萸肉""淳木瓜"就产自临岐。据相关统计，淳安有药用动植物 1677 种，占全省中药材资源种类的 70%，是浙江省中药材基地县。临岐镇融合中药材和环境优势，打造"百草临岐，润养小镇"，提炼文化基因，配套工贸产业，重塑旅游景观，提升康养功能，通过创意和再生设计，对特色自然资源、人文资源、产业资源进行一体化整合，形成多业态相融合发展的新模式，实现了生态富民、中药强镇，走出了一条具有自身资源特色的乡村振兴之路，先后荣获全国道地药材科

临岐整体图

普示范镇、省级农业产业强镇、省级中医药文化养生旅游示范基地等国家级、省级荣誉。

严把品质关，打响"淳六味"品牌。中医药的守正创新，中药材是关键。在种植方面，临岐统一规划产业发展和种植布局，制订道地药材引种目录，编印了《千岛湖道地中药材图鉴》和《淳六味道地药材栽培实用新技术》，出台县镇两级种植补助政策，通过引进新品种、壮大主打产品、丰富林下经济模式，为做大中药材市场、做大货源提供支撑。积极加强与科研院校的合作，实现道地药材保护、良种选育、生态栽培、绿色防控、产品研发等全产业链技术合作，实现了在高产的同时保证临岐中药材品质。为实现品牌化发展，临岐镇打响"中药材特色小镇"的市场品牌，精心打造了以覆盆子、黄精、山茱萸、前胡、重楼、三叶青等为代表的"淳六味"道地药材品牌，在国内享有较高的知名度。其中覆盆子等三味药材入选新浙八味，淳安覆盆子、淳安白花前胡获得国家农产品地理标志登记证书，"淳覆盆子""淳前胡""淳萸肉""淳半夏""淳木瓜"等五味道地药材荣获国家地理标志证明商标，山茱萸和覆盆子分别获得有机产品认证和绿色产品认证，进一步有效提升了"淳六味"道地药材品牌影响力，每年中药材交易额达 3.5 亿元左右。

李时珍广场

拉长产业链，带动区域性发展。为应对受市场影响导致的中药材价格波动，让农民得到更多收益，临岐积极开展中药材产业招商，以浙西唯一的中药材市场为平台，出台中药材招商、加工奖励和税收优惠政策，引进加工、销售等企业，形成从种植到加工再到销售的全链式产业政策扶持体系，推出中药饮片、健康食品、药膳养生等系列产品，显著提高产品附加值。为继续推动中药材产业做强做大，2022年，临岐县联合周边乡镇抱团发展，由淳北联合党委综合协调、服务指导，设立"一镇四乡"五个发展区块。其中，临岐镇承担中药材产业的加工、贸易、科研、对外交流与合作、信息服务等功能，周边瑶山乡、屏门乡、王阜乡、左口乡四个乡为中药材核心发展区提供原料，通过抱团发展，实现了中药材产业由散到聚、以聚促变。此外，淳北联合党委在加强中药材质量追溯系统建设的基础上，着眼构建"从产品到标品再到商品"的产业发展闭环，为淳北中药材产业发展铺就了"新跑道"。

提高辨识度，加强农文旅融合。山区县单靠传统产业难以振兴，必须把中医药与文化、旅游、康养结合起来。临岐紧抓中药材特色，聚焦"产业＋文化＋养生＋旅游"的三产融合发展新模式，聚力打造一个兼具交易、观光、研学、教

临岐养生民宿

育、康养等多种功能的复合型旅游目的地。以"百草临岐，润养小镇"农文旅示范镇建设为产业发展方向，打造省级临岐农村产业融合示范园、千岛湖中医药博物馆、国潮·互联网润养体验中心、龙兴超·中医药文化街、百草临岐润养酒店、淳六味·东篱菊精品民宿、"岐妙上谷"岐黄养生村、"养你的覆盆子"主题休闲采摘园和"淳六味"百草园等一大批农旅项目，以中医药养生药膳食宿主题优化游客体验。选用临岐道地药食同源食材，为康养旅游推出十大养生药膳，打造淳味十全养生暖锅，有力推动了"中药小镇"临岐镇中医药养生之旅和中医药特色文化游，逐步形成"种草药、建药企、开药会、引药所、观药景、吃药膳、泡药浴、养药生"的中医药三产融合发展格局。2022年全域共接待康养旅游、研学游客15万余人次，实现旅游经济总收入2000余万元。

编 者 说

　　良好生态蕴含着无穷的经济价值，能够源源不断地创造经济效益，实现经济社会可持续发展。淳安作为"绿水青山就是金山银山"理念的早期萌发地和率先实践地之一，赋予"靠山吃山、靠水吃水"以新的时代内涵，围绕百里挑一的道地药材品质，立足优质生态，面向市场需求，大力发展中药材产业，深挖道地本草文化、深耕新安医学文化、深推药膳美食文化、深拓文化创意产业，打造山水养身、人文养心、产品养生的"百草临岐中药强镇"品牌，形成"中医药文化传承助推乡村振兴"先进模式样板，为特色产业和特色文化主导的乡镇实现经济大发展提供了参考蓝本。

新昌梅渚村
文旅"联姻",激活古村新魅力

建于宋代的梅渚村,位于澄潭江畔,现存明清、民国建筑 30 多处,拥有十番、剪纸、糟烧等省市级非物质文化遗产,是一个拥有千年文化底蕴的古村,也是著名的生态旅游村,获有中国传统村落、中国美丽休闲乡村、省历史文化保护利用重点村等荣誉。早年间,梅渚村旅游开发总体呈"低散"状态,空有"曲折深巷,白墙黛瓦",却留不住人,使得古村衰落冷清,部分古建筑保护不力,鹅卵石青石板铺成的古道被浇成水泥道,村民环境意识淡薄。近年来,梅渚村以"绿水青山就是金山银山"理念为指引,盘活生态资源和古建筑资源,深度挖掘宋韵文化,不断将宋代生活美学植入古村建设,系统构建"沉浸式"文化空间,以文塑旅,着力打造"宋风美学"文旅生活小镇,开启文旅融合高质量发

梅渚古街

展新路径。

环境整治绘就诗意画卷，村域风貌实现靓丽升级。加快推进美丽乡村建设，梅渚村从改善乡村人居环境入手，大力实施村庄污水整治，实现生活污水全部接管处置；打造生态循环中心，实现生活垃圾"产

梅渚文化年味节

废—用废—再循环"的绿色闭环；积极推动"无废民宿""无废商店""无废农贸市场"等"无废"单元建设，倡导"无废旅游"。村庄还通过设立环境整治组、景观提升组、政策处理组，针对环境问题实行清单管理、挂牌销号，逐渐走出了一条适合梅渚村的环境整治之路。

场景赋能展现宋风雅韵，"微改精提"绣出美丽乡村。梅渚村以打造"古今融合，宋风美学"文旅生活小镇为目标，开展"微改造、精提升"行动，紧扣"宋风美学"主题，修复古街古建，完成了梅园改造、宅前塘水系整治等生态化改造"小微"项目，打造了水幕电影、夜景花街、网红花海、百梅图等"微景观"，以及非遗馆、手工艺馆、音像馆等文化印记主题馆，不仅扮靓了古村，也给游客带来了新的休闲体验，实现了从景观到文化的升级。同时，梅渚将美丽庭院和文化产业融合，以花为篱，以墙为诗，坐地观星，品茶听风，打造了古村落里的诗意庭院样板。

深度培育文旅新业态，文化铸魂擦亮古村名片。聚焦文化"赋活"，梅渚村打出了一系列组合拳。以"梅香印象"为主题，对入口景区沿线、古台门、巷弄等开展一系列形象改造，打造"梅小Y"主题形象，构建"梅渚生活"沉浸式文旅体验品牌，实现从"梅景观"到"梅文化"的转化。建设老作坊一条街、老风味一条街、老手艺一条街、八个现代化的主题公园以及记忆馆、陶艺馆等八大馆，打造多种旅游商贸业态，极大地丰富了旅游资源的开发和利用。围绕"非遗、美食、民宿、夜游"四大关键词，在保护好糟烧、剪纸、竹编等老业态的同时，积极引入点茶、曲艺、扎染等新业态，开发"梅渚伴手礼""老风味礼包"等优

质旅游产品，构建与古村同频共振的文旅产业。如今梅渚村已经成为新昌文旅融合的一张金名片，游客络绎不绝，每年吸引游客 40 万人次以上，为村集体经济增收 120 万元以上，六登《人民日报》。

数字化引领"赋智"古村落，品牌化打造增添新动力。结合旅游数字化改革，梅渚村依托澄潭街道"数字大脑"数字管理系统，引入智慧化场馆、3D 数字投影、线上导游等项目，实施预约管理、安防管理和统一收银，为游客群精准"画像"。将智慧导览服务纳入"古韵梅渚"微信公众号。通过抖音、微信等自媒体渠道进行短视频宣传、直播推介，以直播带货等方式推动当地优质农产品和梅渚剪纸等非遗产品搭上"数字快车"，打造"线上云梅渚"网红古村新形象。充分利用十届农民春晚背后的故事、剪纸等古村历史和非遗文化中的特色因子，构建自有文化 IP，焕发梅渚老故事的生机活力。

编 者 说

在高度工业化时代，传统村落或依山傍水、幽静秀美，或拥有独特的民俗传统、建筑风格，成为稀缺、独特的生态产品，具有文化价值与经济价值。梅渚村牢固树立"绿水青山就是金山银山"理念，在文旅融合发展的背景下，盘活自身珍贵资源，从擦亮生态本底和挖掘文化内涵入手，立足梅渚宋代古村的生态价值和文化价值，明确以"宋风美学"村落式文旅生活小镇为发展定位，做精做优做特"梅渚样板"，让"绿水青山"落地生根，开出"金山银山"，带动村民增收致富，真正做到文旅融合助推乡村振兴，让"梅渚老故事"焕发出新魅力，为传统古村落生态化改造、市场化运作、品牌化发展提供"新昌样板"。

安吉
"醉美两山路·难忘白茶香"

　　20世纪70年代末,安吉县林业工作者在天荒坪镇大溪村横坑坞800米的高山上发现了一株树龄逾百年的白茶树,嫩叶纯白,仅主脉呈微绿色,很少结籽,经过多年培育,育成"白叶1号"品种,从此安吉白茶产业也按下了发展的"启动键"。安吉县积极开展良种繁育、种植扩面,从发现母茶树至今,安吉白茶经历了从无到有、从小到大、从弱到强的发展历程,"质"和"量"得到全面突破。依托白茶品种品质优势,安吉白茶产业保持健康高速增长态势,实现"一片叶子富了一方百姓"。安吉白茶经过40多年的发展,全县种植面积达20.06万亩,茶农1.7万户,白茶产值占全县农业总产值的60%。2022年,安吉白茶居全国茶叶类区域公用品牌价值榜第八位,连续13年跻身十强,品牌价值达48.45亿元,成为全国具有广泛影响力的茶叶品牌之一。

安吉白茶生态修复园

1. 线路名称："醉美两山路·难忘白茶香"。

2. 体验内容：

体验茶文化，感受茶礼茶艺。安吉的好山好水，孕育了"形如凤羽、色如玉霜、甘甜清澈"的安吉白茶。安吉举全县之力打造安吉白茶品牌，将茶文化与茶产业有机结合，打造了集品牌展示、茶文化科普、养生休闲等于一体，涵盖采摘体验、文体休闲、影视拍摄等多种形式的生态农文旅体验线路。群众通过参观白茶博物馆，在非遗工坊体验区体验制茶、手绘设计白茶外包装，可深刻了解中国茶业通史，感受茶礼茶艺，体会中国传统制茶技艺及其相关习俗所带来的乐趣。

体验"两山"理论，感受实践创新。余村是习近平总书记"绿水青山就是金山银山"理念的诞生地，以白茶为代表的现代农业发展之路，是安吉落实"绿水青山就是金山银山"重要思想，把理论转化为实践的生动写照。群众通过学习和感受，可以深入了解安吉白茶品牌化、科技机械双强化、数字化和融合化的现代化发展之路，更加深刻体会"绿水青山就是金山银山"理论的实践伟力和转化路径，感悟"一片叶子富了一方百姓"的致富之道。

3. 体验时间：1天。

4. 体验线路：

余村—白茶祖圣境—宋茗茶博园—黄杜村

"醉美两山路·难忘白茶香"线路

以"一片叶子"为代表的安吉白茶，从无到有、从有到优，谱写了"一片叶子富了一方百姓"的生动篇章。

匠心驱动，实现白茶从无到有。 自发现"白茶祖"以来，安吉县深挖白茶品种品质优势，积极做好良种繁育、种植扩面等工作，实现了从一株母茶树到一个大产业的转变。目前，通过"白茶祖"繁育的茶苗"白叶1号"，被认定为浙江省珍稀茶树良种。"白叶1号"的种植面积从1990年的5.6亩增加到如今的20余万亩。

品牌推动，实现产业从弱到强。 在安吉白茶的现代化发展过程中，首先就是品牌化。组建安吉白茶协会等品牌运行管理机构，在全县茶企茶农中推行"母子"品牌商标管理，实现母品牌树行业形象、子品牌明生产企业。开展安吉白茶中央媒体宣传、安吉白茶开采节等大型活动，组织茶企、茶农抱团参加茶博会、农博会等重大茶事活动，扩大安吉白茶品牌的美誉度和知名度。

增收带动，实现茶农从贫到富。 发挥头部茶企的市场竞争优势，与小散茶农建立"风险共担、利益共享"机制，让茶农专心种植管理、茶企专注加工销售，实现茶叶种植订单化、产品销售优质化，推动茶企壮大和茶农增收。截至2022

年，全县拥有年销售额亿元以上茶企 1 家、500 万元以上茶企 45 家、订单茶园面积超 7 万亩。2022 年，安吉白茶产量达 2100 吨，产值达 32 亿元，为全县农民人均年增收 8800 余元。

产业帮扶，实现茶苗由东到西。安吉茶农吃水不忘挖井人，致富不忘党的恩，2018 年，黄杜村党员主动提出捐赠 1500 万株"白叶 1 号"茶苗助力脱贫攻坚，得到习近平总书记的充分肯定。"白叶 1 号"协作帮扶工作持续做深做实，通过平台共建、产业共兴、人才共育，进而引种至全国多地 400 余万亩，建立起白茶种植全生命周期对口帮扶机制，实现了"一片叶子富八方百姓"。

编 者 说

将"绿水青山"转化成"金山银山"，推动生态产品价值实现，是深入践行习近平生态文明思想的重要体现。安吉白茶作为当地自主培育的特色产业，从发现单株野生白茶古树至今，经历了从无到有、从小到大、从弱到强的蝶变。在此过程中，安吉县加强良种繁育、扶持茶园抚育管理、推动品牌建设推广，实现了"质"和"量"的全面突破。尤其是 2012 年以来，安吉白茶向全产业链方向培育发展，从单纯的茶产品逐步向茶文化休闲、精深加工产品延伸，形成了一、二、三产融合发展的态势，产业富民效应十分明显，对于探路生物资源价值转化、实现"绿色共富"具有很强的典型意义。

勾勒"生态美",绘就"产业绿",构筑共富路

嘉善县始终牢记习近平总书记对嘉善提出的"在推进城乡一体化方面创造新经验"重要指示,紧紧抓住全国唯一的县域科学发展示范点、长三角生态绿色一体化发展示范区的"双示范"等国家战略契机,按照全域规划的理念,实施"一村一品""一村一景""一村一韵"建设。姚庄镇位于嘉善县东北部,东邻上海市金山区,作为长三角生态绿色一体化发展示范区的先行启动区,姚庄围绕"一村一特色、一点一景观"的建设格局,将6个美丽乡村精品村串珠成线,形成可观、可游、可赏的桃源渔歌风景线。该风景线充分展现了"水乡渔、桃花源、田园歌"的江南水乡肌理,是一条营造"理想生产、理想生态、理想生活",展示

展幸村大往圩文化

"生产美、生态美、生活美"的示范片区风景带。在这里可以看到一弯活水绕村走，两岸杨柳随风绿，《桃花源记》从梦想走进现实。

1. **线路名称**：感受桃源渔歌、魅力农旅。

2. **体验内容**：

  体验桃源渔歌乡村生态。姚庄镇采用"党建+生态"的美丽乡村建设模式，通过低小散企业腾退整治、"百日攻坚"、"十大行动"等推动农村人居环境全域秀美，打造纯生态村，形成村道洁净如新，行道绿意盎然，白墙黛瓦，农舍错落有致的乡村图景。在这里可以体验"一弯活水绕村走，两岸杨柳随风绿，灰瓦白墙农家院，乡风文明水乡情"的梦里水乡之景。

  体验农文旅融合乡村振兴新模式。姚庄镇有着古色古香的水乡建筑、灵动婉约的万亩桃林、传唱百年的嘉善田歌。通过坚持文旅融合发展，促进产业升级，建设了展幸村、北鹤村、横港村、丁栅村、沉香村、渔民村等6个美丽乡村精品村，充分展现了"桃文化""橘文化""渔文化""大往圩文化"，形成桃源渔歌风景线上一村一特色，秀丽的自然风光和古朴的文化之美交相辉映，文与旅深度融合。在这里，可以感悟展幸村"千年大往圩，幸福莲花泾"的悠久历史，可以欣赏北鹤村"逃之夭夭美，锦绣黄桃甜"的田园美景，可以体会横港村"党建引领强，生态横港里"的党建情怀，可以感受丁栅村"田歌轻飘扬，水灵洪字圩"的江南诗意，可以漫游沉香村"悠游沉香荡，醉美江家港"的橘香乐园，可以体验渔民村"浙北渔人家，深耕渔文化"的渔家风情。

3. **体验时间**：1~2天。

4. **体验线路**：

  展幸村—北鹤村—横港村—丁栅村—沉香村—渔民村

桃源渔歌示范带线路

　　嘉善县通过"生态绿"营建诗画田园，深耕乡村特色，推动农文旅融合，着力打造长三角乡村振兴高质量发展先行地、农业农村现代化先行地、生态共富先行地，走出了一条因地制宜、生态美、产业兴的共同富裕实践路。

　　生态宜居，还一片诗画田园。深入践行"绿水青山就是金山银山"理念，坚定不移打好"打底、补短、整形、创植"组合拳，通过开展系列"低小散"企业腾退、农村人居环境改善、水生态修复、垃圾分类等环境治理工作，夯实生态绿色发展三大底子、补齐生态绿色发展三大短板、实施生态绿色三大建设，将各个精品村打造为生态宜居的"绿色名片"，形成全域蓝绿交织、林田共生的生态网络。

　　产业兴旺，品一味鱼果争鲜。这条风景线上不仅有诗画田园，更有鱼果争鲜。黄桃、柑橘、稻米、水产等开启你的味蕾盛宴，姚庄镇创新打造小微农业创业园区，引入第三方和智慧管理方式，推广现代农业技术，改善农田综合环境，进一步助推现代农业发展，实现了美丽乡村建设与乡村产业转型升级深度融合，促进创收增收。

　　生活富裕，绘一幅"五彩姚庄"。引入第三方文旅企业，创新开展数字亲子文旅，依托 VR、AR 等技术进行体验式乡村旅游。引入长三角范围内的非物质文化遗产项目，实现江南水乡非遗活态传承。进一步开发乡村田园旅居，建设打造一批独居江南水乡韵味的民宿，升级开发乡村旅游产业，从观光游、采摘游，到体验式互动，"五彩姚庄"已打造成为"生态型、江南韵、国际范"的江南水乡品牌。

编 者 说

保护生态环境、强化文旅融合，是"美丽城镇"环境美、人文美、产业美的题中之义。姚庄镇通过"百日攻坚""十大行动"推动农村人居环境综合整治和生态建设，实现了从"脏乱差"到"局部美"再到"全域美"的转变，擦亮了乡村发展的绿色底蕴。文与旅相伴，旅因文而兴。姚庄镇又依托秀丽的自然风光和厚重的人文文化，以村为基本单元，坚持"一村一特色、一点一景观"的错位发展模式，通过乡村产业转型升级、文旅融合深度发展，建成多个风格各异、极具特色的美丽乡村精品村，涵盖党建乡村研学、生态农业发展、江南非遗文化传承、乡村田园旅居等产业，串联形成了桃源渔歌风景线，激活了从"好风景"向"好钱景"转化的内生动力，创新形成了产业强村富民运营新机制。

安吉鲁家村
生态产业导入助力乡村蝶变

　　鲁家村位于浙江省安吉县递铺街道，村域面积16.7平方公里，人口2200人，曾经是一个脏乱差的"落后贫困村"。近年来，鲁家村以"绿水青山就是金山银山"理念为指引，依托美丽乡村建设，创新"公司＋村＋农场"美丽乡村建设经营模式，通过土地流转吸引几十亿元外资，打造特色家庭农场。完成了从外债百万到资产过亿的"逆袭"，实现了从"脏穷"到"富美"的蝶变，形成"开门就是花园、全村都是景区"的发展格局。村集体资产从2011年不足30万元增至2022年的近2.9亿元，村集体经济年收入从1.8万元增至610万元，农民人均纯

鲁家村

收入由 1.95 万元增至超 5 万元，创造了由"绿水青山"向"金山银山"转化的"鲁家经验"。

以环境改善为抓手，从田园迈向花园。 鲁家村坚持"环境造就产业"的发展思路，不断寻求产业发展和人居环境改善的高度契合。围绕"村在景中、景在村中"的主题，对村庄进行空间布局、节点布置、景观小品打造，形成"开门就是花园、全村都是景区"的美丽乡村新格局，为发展休闲经济打下了扎实基础。

以乡村经营为手段，促进产业融合发展。 在鲁家村，一产、二产、三产相融，生活、生产、生态共生，资源、资本、资产良性互动。鲁家村利用自身优越的自然条件和区位优势发展农场经济，瞄准家庭农场和生态有机的发展方向，在综合考虑了当地特色、业态需求等要素后，确立了 18 个特色鲜明的家庭农场主题，如花海农场、中药农场、高山牧场等，确保整个园区产业分布科学、业态完整，农场之间优势互补，共同发展。

以模式创新为突破口，推进共建共享。 鲁家村在无资源优势的情况下，以

鲁家村旅游集散中心

新机制、新模式、新主体带动新业态，构建了"公司＋村＋家庭农场"共建共赢的经营模式。村集体通过将财政项目资金转化为股本金，以"统分结合，双层经营"理念保证鲁家品牌的统一性和市场经营的灵活性，最终实现了资源的有效整合。

鲁家村"阿鲁阿家号"观光小火车

编 者 说

"绿水青山就是金山银山"理念凝聚了绿色跨越发展的智慧和经验，顺应了人民群众对美好生活的期盼。鲁家村凭借对这一理念的深刻领会，把生态产业化和产业生态化作为出发点，通过美丽乡村建设、多产业融合发展、创新"公司＋村＋家庭农场"的经营模式，推进资源变资本，坚定不移地养护绿水青山、经营绿水青山、共享绿水青山，创造了由"绿水青山"向"金山银山"转化的"鲁家经验"，为同类无资源优势乡村实现跨越式发展提供了有益借鉴。

仙居步路乡
"一颗杨梅"延出"杨梅经济"

仙居县具有从古至今一脉相承的杨梅栽培历史和杨梅文化，而步路乡又是全县杨梅种植面积最集中、产业链最集中的区块，是仙居杨梅产业的缩影。近年来，仙居县坚定不移走"绿色发展、生态富民"之路，依托仙居杨梅悠久的种植历史、独特的复合种养模式，全力以赴做强"仙梅品牌"，持续推动杨梅产业向"生态化、特色化、品牌化、规模化、数字化"转型，迈出地标富农新步伐，收获丰硕优质成果，杨梅产业已成为仙居最重要的富民产业，是仙居实现共同富裕的重要载体之一。

推广生态化种植。仙居一直将杨梅的质量监管放在首位，步路乡尤其如此，

杨梅基地全貌

千年古杨梅树

通过坚持"产出来"和"管出来"两手硬，将质量管控覆盖到种植、生产、销售等各个环节。在种植端，推广果园生草、增施有机肥料、套种绿肥、生态复合栽培等生态种植方式，实施标准化生产。实行杨梅病虫害绿色防控措施，开展"统一时期、统一药剂、统一技术、统一督查"的统防统治工作，确保每一颗杨梅都健康成熟。同时，当地还推广智能大棚对杨梅树进行数字化管理，使产出的杨梅果口感更甜，品质更好，产量可提高 30% 左右。在生产和销售端，坚持质量监管与安全检测并存，完善农业标准体系、农产品质量检测体系、农产品质量追溯体系、农产品质量信用体系和优质农产品准入准出制度，建立杨梅销售许可证制度，强化农产品质量执法监督，实现从"枝头"到"口头"的闭环管理，确保产出的每一颗杨梅都是放心梅、安全梅。

推进产业化经营。为提高产业化经营水平，500 多家杨梅专业合作社联合成立了杨梅产业农民合作经济组织联合会，在杨梅产业化龙头企业——浙江聚仙庄饮品有限公司的带动下，形成集科研、种植、加工与销售于一体的现代农业产业集群，并建立了杨梅科普学院、省级农民培训中心、杨梅深加工产业园、优质杨梅种植基地、休闲农业观光园、杨梅农旅示范区、农产品交易市场等，推动杨梅产业规范化发展。同时采取"市场＋公司（合作社）＋基地＋农户"的产业化经营模式，一头连市场，一头连农民，各个环节有机结合，全面提高经济支撑作用，有效带动了周边地区的三产融合、品牌推广、农技服务等。2022年杨梅全产业链产值35亿元，同比增长32.58%。

推行多业态融合。为不断扩展杨梅产业链，仙居不断强化杨梅鲜果深加工业发展，充分利用杨梅果实，研发生产杨梅原汁、酵素、杨梅醋饮、民间古酿等系列果蔬汁饮品和酒水产品，以及杨梅核提取籽油，杨梅渣提取花青素，有效提升了杨梅的附加值。在2021年杨梅节上，首次展示了由上海光明乳业与仙居杨梅合作开发的棒

杨梅原汁

冰型杨梅果——"一枝杨梅"，推动杨梅产业链持续优化升级。目前，全县拥有杨梅深加工产品类型达30多种，拥有杨梅加工、包装等专利18项以上。同时杨梅带火了仙居农旅融合市场，每逢杨梅节，全县住宿、餐饮等消费都呈井喷式增长。

推动数字化提升。在数字经济的浪潮中，仙居杨梅产业也走出了一条数字化的发展之路，通过建立杨梅全产业链大数据平台，迭代升级"亲农在线"平台，率先在全省打造起"杨梅产业大脑"，推动杨梅产业涉农服务全周期"一站式"办理。杨梅产业实现了从靠天吃饭到大棚栽培，到数字种植；从提篮贩卖到"触网"销售，到走进云直播间；再到建立杨梅质量安全追溯体系，实现生产记录可存储、产品流向可追踪、储运信息可查询，全产业链的数字赋能助推杨梅产业的高质量发展。

推出知名化品牌。"世界杨梅在中国，中国杨梅出浙江，浙江杨梅数仙居"。多年来，仙居县注重仙居杨梅品牌的宣传推广，使得仙居杨梅的品牌影响力不断提高。2007年，"仙居杨梅"证明商标正式批准并投入使用，先后获得原产地保护认证、地理标志认证和国家农产品地理标志登记。仙居县连续举办了25届仙居杨梅节、推介会，每年数百万的游客"闻梅"而来，让仙居杨梅名满天下。依托步路乡中国重要农业文化遗产——仙居杨梅复合栽培系统，积极申遗，2015年列入第三批中国重要农业文化遗产，2019年列入全球重要农业文化遗产预备

名单，知名度大大提升。同时积极走出国门，"仙居杨梅"证明商标在美、法、等13个国家成功注册，无论是种植规模、产量、产值还是商品化处理能力、品牌效应、市场占有率，"仙居杨梅"均居全国之首，品牌价值24.98亿元，在农产品区域公用品牌杨梅类中排名全国第一，仙居是名副其实的"中国杨梅第一县"。

编 者 说

　　人们对"绿水青山"和"金山银山"之间关系的认识经过了三个阶段，其中第三个阶段是认识到"绿水青山"可以源源不断地带来"金山银山"，"绿水青山"本身就是"金山银山"，我们种的常青树就是摇钱树，生态优势就是经济优势，进而形成一种浑然一体、和谐统一的关系。仙居县抓住杨梅这一"常青树"，通过深入践行"绿水青山就是金山银山"理念，从"生态化、特色化、品牌化、规模化、数字化"几个方面发力，将生态优势转化为经济优势，不断提高杨梅生态产业化水平，打出了以杨梅为代表的名牌特色农产品，形成了独具特色的"仙居杨梅经济"，这是正确认识和践行"绿水青山就是金山银山"的生动写照，同时为其他地区生态农业的发展提供了案例借鉴。

临安
"青山富民、绿水开源"生态农业示范带

　　太湖源镇是全国首批环境优美乡镇、浙江省生态建设示范镇、浙江省首批低碳试点乡镇，2001 年由三乡一镇合并而成。太湖源镇地处天目山麓，是太湖水系的源头，这里溪水潺潺，山林葱茏，空气清新，气候凉爽。绿水青山不仅是它最鲜明的环境底色，更是它发展的核心优势。太湖源镇在本土传统产业基础上，发展了兼具经济和低碳效益的雷笋产业，鼓励三产统筹发展，从种植技术、加工生产、物流销售、农事体验、文化欣赏等多方面发力，让绿水青山和美丽乡村合二为一，增强居民的幸福感和获得感，形成绿色发展和共同富裕的正向循环，打造出生态农业发展的太湖源样板。

太湖源现代农业园

1. **线路名称**：太湖源生态农业示范带。

2. **体验内容**：

　　体验现代生态农业生产技术。太湖源采用生态、高效的竹笋栽培方式，推广早出覆盖、病虫防治等绿色生产技术，推广"机器换人"砻糠吸放机，重点示范培育 5 种高效雷竹基地，制定区级水果笋特色生产技术标准，并组建产业测土配方、品牌营销服务专业团队，开发竹乡客厅技术讲堂、技术研学，开展"赏竹海、挖竹笋"等主题农耕体验活动。游客可以通过参观园区，了解现代生态农业技术，加深对绿色低碳农业的认识。

全国首张数字化农产品碳标签

　　体验茶和竹的文化魅力。茶乡现代农业园（云上茶乡）配套景墙、木平台、景观亭，建有 600 米块石风情步道、2100 米彩色道路，名优茶"天目青顶"畅销长三角，大宗茶（有机）出口德、美、日、俄等国家。竹文化现代农业园（高云竹海）收集优良笋用竹种、珍稀观赏竹种 230 余种，成为杭州地区最大的竹子种质资源基地、竹子主题文化观光园，2019 年被全国自然教育总校授予"自然教育学校（基地）"。游客到此可亲身体验太湖源"事茶、采茶、制茶、品茶、吃茶、玩茶"的茶文化，学习各类竹文化知识。

　　体验生态农业美丽景色。茅草坞水果现代农业园（锦里桃园）实行标准化山地栽培，生产管理城阳大仙桃、美丽李、玫瑰皇后李等特色品种，种植精品水果 500 余亩，2018 年通过绿色食品认证，园区已发展成以应季水果采摘为特色，集"生态、观光、休闲"于一体的现代农业示范园。游客可通过实地采摘，欣赏到不同季节各类果园的美丽景色，感受生态气息。

3. 体验时间：每条线路各半天。

4. 体验线路：

太湖源生态农业示范带（浪白线）：物流中心（鲜笋产地仓）—水果笋现代农业园（竹乡客厅）—茅草坞水果现代农业园（锦里桃园）

太湖源生态农业示范带（高后线）：茶乡现代农业园（云上茶乡）—西马克竹笋加工现代农业园（杨桥笋集）—竹文化现代农业园（高云竹海园）

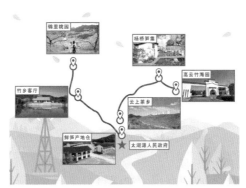

太湖源生态农业示范带线路

编　者　说

良好的生态蕴含着无穷的经济价值，能够源源不断地创造综合效益，实现经济社会的可持续发展，只要能够把生态环境优势转化为生态农业、生态旅游等生态经济优势，那么"绿水青山"也就变成了"金山银山"。太湖源镇立足"竹乡"生态资源优势，践行"绿水青山就是金山银山"理念，通过"生态＋农业"的发展模式，大力发展零碳农业、观光旅游等多元化产业，最大限度发挥生态溢出效益，加强生态绿色种植技术的研发，不断构建全产业的美丽生态经济，以"绿起来"带动"富起来"，成功走出了一条独具特色的浙西山区生态富民之路。

岱山
打造文体旅融合滨海风情线

　　岱山县以海洋文化、徐福文化、渔文化为基底，以渔家风情、休闲运动为特色，串联海岬公园、鹿栏晴沙、东沙古镇等节点，由点及面，串珠成链，变盆景为风景，打造"一线、二镇、三段、七村"滨海风情线。该示范带位于岱山县东北部区域，依托特色文旅节庆及赛事活动，以洁美环境为基础、美丽田园为点缀、精致乡村为节点、绿化廊道为珠链，将一个个零散的旅游资源串联起来，充分释放全域生态活力，把每一处"绿水青山"真正变成岱山人民致富的一个个"绿色聚宝盆"。从山水美到村居美，从环境美到生活美，这座海上花园——仙岛岱山，正演绎着绿水青山生态美、乡愁记忆人文美、乡风文明和谐美、产业兴旺经济美的乡村振兴协奏曲。

北纬 30° 公园

1. **线路名称**："一线、二镇、三段、七村"滨海风情线。

2. **体验内容**：

体验滨海生态绿色旖旎风光。近年来，岱山基于"山—海—岛—城"的自然格局，不断夯实生态底色，凸显海岛景观风貌特色。严格保护礁石、沙滩、基岩质岸线和岬角，防止自然侵蚀，保持地貌轮廓和海岸的曲线美及整个海岸的形态稳定。利用海岬公园、鹿栏晴沙、岱山岛北部美丽海岸线特有的天然资源优势，提高岸线生态价值与景观价值，打造独一无二的最美海岸线。依托海岛优越的森林资源，布局建设海岛郊野公园，全面提升海岛生态品质。聚焦森林岱山建设、东海郊野公园、海岬郊野公园等现有项目，打造绿色生态廊道。大力深化垃圾、污水、厕所三大革命，持续推进沿线村庄的环境整治和绿化美化。协同建设美丽田园，结合全域土地综合整治，重点提升农业种植用地、设施农用地景观风貌，推进农文旅融合发展，营造最美田园景观。群众通过生态旅游，可以体验"滨海风情线"沿线的生态环境保护成效。

体验滨海运动文体旅融合。"滨海风情线"文化底蕴深厚，有上船跳村的徐福文化、龙头村的棕缉龙传说、渔村的民俗文化、东沙古镇的百年变迁等。岱山以渔家风情、休闲运动为特色，围绕"渔""祭海""徐福"等重点海洋文化特色，将东沙古渔镇打造为展现岱山自然山水资源和历史人文的窗口。通过整合发展"海洋节庆赛事经济"，擦亮中国海洋文化节、晴沙听海·岱山音乐节、非遗艺术节等节庆金名片；以"体育+"模式高标准办好国际运动风筝赛、全国沙滩高尔夫挑战赛、全国气排球精英赛、海岬半程马拉松赛、海岛公园万人徒步大会等重大海洋赛事，打造海洋运动休闲岛品牌，进一步释放消费动能；紧扣海洋文化品牌，深化"岱走岱山"系列文创产品，拉动海岛民宿、仙岛鲜味、体验渔业等"海味"产业链。群众可通过消费文创旅游产品，参加文化体验活动及海洋体育赛事等，深度体验"滨海风情线"海洋文化精髓。

3. 体验时间：1天。

谢洋大典

4. 体验线路：

上船跳（游览方言墙、晒生小院，坐观光小火车畅游在绿水青山之间，体验传统制盐工艺）—东沙古镇（游览海岛古渔镇体验渔民风俗）—海岬公园（漫步滨海栈道欣赏美丽海景）—鹿栏晴沙（徒步沙滩感受自然之美）

东海郊野公园（欣赏湿地花海，体验沙滩越野，感受露营之趣，让孩子们在嬉戏中探索海洋文化）

—— 一线：魅力岱山滨海风情示范线

◉ 二镇：岱东镇、东沙镇

▣ 三段：渔家风情段、海岬风光段、古镇风韵段

● 七村：上船跳村、龙头村、沙洋村、江窑湖村、新道头村、小岙渔村、东沙村

"一线、二镇、三段、七村"滨海风情线

编 者 说

　　岱山践行"绿水青山就是金山银山"理念，以生态为基，以文化为魂，通过生态赋能及文体旅深度融合，成功打造了一条集风景、产业、文化于一体的美丽海岛示范带，是"绿水青山就是金山银山"转化路径的又一生动实践。岱山以提升海岛渔民、农民群众生活水平和幸福感为导向，加强海岛环境保护与生态修复，推进文体旅深度融合，探索海岛生态产品价值实现机制，呈现"岛岛是花园，村村见美景"的美丽海岛建设大格局，为实现海岛共富注入强大动力，打造海岛版"诗与远方"，为全国海岛绿色发展和新时代美丽乡村建设提供了"岱山模式"。

仙居
打造文旅融合"两山"转化之路

　　仙居县位于浙江东南部，森林覆盖率达到79.57%，被誉为省内罕见的天然植物"基因库"、动植物的"博物馆"。仙居作为全国"国家公园"试点县，先后荣获"中国人居环境范例奖"、国家生态文明建设示范县、"最美家乡河"和"中国天然氧吧"等称号。山为脊，水为脉，林为肺，孕育了令人心醉的"仙居绿"。近年来，仙居深入贯彻落实习近平总书记关于生物多样性保护工作的指示要求，从保护自然中寻找发展机遇，有力推动本土特色生物资源价值实现，培育打造了一系列具有典型性的生物多样性保护实践示范点，并"串珠成链"形成两条精品示范带，实现了生态环境高水平保护和经济高质量发展双赢。

环神仙居景区

1. 线路名称：文旅之路。

2. 体验内容：

寻自然秘境，感悟人与自然和谐共生。 仙居拥有完整多样的生态系统，蕴藏着丰富的动植物资源，生物种类达 2000 多个。仙居以国家公园体制试点建设为抓手，积极探索生物多样性保护的"仙居模式"。群众可走进国内最大的亚热带原始沟谷常绿阔叶林保护区之一——淡竹原始森林，体验原始森林的苍老和神秘，在

中小学生参观生物多样性博物馆

气势磅礴的神仙居 5A 级景区呼吸富氧的空气，穿行于茂密深邃的国家森林公园感受原始景观的魅力，深入淡竹村观猕猴，零距离接触感受生态多样之美。走进仙居生物多样性博物馆，通过展厅参观、课程学习和 VR 体验，感受仙居的自然魅力和保护实践，培养敬畏

自然、热爱自然、亲近自然的情感。

访古老基因，体验生物多样性资源保护与利用。 仙居县依托上古杨梅、仙居鸡等地方特色种质资源，积极建设遗传资源品牌增值体系，形成独特的杨梅经济，创成省级仙居鸡示范性全产业链。群众通过科普研学体验，走进西炉杨梅基地、仙居种鸡场，可以体验千年古杨梅、"中华第一鸡"等仙居特色农产品，感受仙居特色农业及乡村农耕文化创意，解读仙居独特的生物多样性文化密码。

游神仙之居，感受农旅深度融合。 为促进农旅深度融合，仙居县创建了"神仙大农"区域公用品牌，依山系打造以神仙居 5A 级景区和神仙居旅游度假区为中心的环神仙居共同富裕示范带。群众围绕"山水"和"生物多样性"文旅之路，可以入住精品民宿，品尝仙居杨梅、仙居稻米、仙居鸡、仙居茶叶等 8 大类、94 款仙居最优质的农产品，体验与探索生物多样性保护和经济发展共赢的"绿水青山"向"金山银山"转化路径。

3. 体验时间：1.5 天。

4. 体验线路：

（1）西炉杨梅基地—生物多样性博物馆—神仙大农馆—仙居种鸡场（2）仙居生物多样性博物馆—神仙大农馆—神仙居景区—原始森林—淡竹村猕猴观测点

文旅之路示范带线路

编 者 说

　　绿色生态是最大的财富、最大的优势、最大的品牌。仙居始终坚持"绿水青山就是金山银山"理念，既注重保护好"绿水青山"，又积极做大"金山银山"，深入激活绿水青山潜能，深挖生物遗传资源保护与利用，创新生物多样性文化展示媒介，促进农旅深度融合发展。仙居"文旅之路"依托良好的生态环境和自然资源，聚力守护生物多样性之美，以神仙居名山公园为核心打造精品民宿集聚区，同时依托生物多样性博物馆开展多形式的研学旅行活动，发挥研学的深层价值，真正拓宽生物多样性保护和经济发展共赢的"绿水青山"向"金山银山"转化路径。

岱山双合村

"石头"转出渔村好光景

双合村位于岱山县西部，周围山体围绕，植被覆盖良好，拥有五六百年的采石历史，留下了 50 多处形状各异的石景旧迹，以渔岛文化、石文化最为著名。在 20 世纪五六十年代，双合村偏僻而又闭塞，以采石和近海捕捞为主要经济来源，被村民戏称是岱山的西伯利亚。为改变这种传统的"靠山吃山，靠海吃海"的资源消耗型发展模式，双合村深入践行"绿水青山就是金山银山"理念，依托几百年人工取石开凿加上大自然鬼斧神工造就的双合石壁景区，以"石文化"为主线打造集"渔山风情体验、海岛文创展示、主体民宿休闲、石壁文化旅游"于

双合村全景

一体的特色渔村，构建起集风景、风味、风情于一体的乡村休闲产业链，走出了一条渔村生态保护与经济开发有机融合的创新之路。

留住乡韵乡愁，村容村貌取得新变化。双合村是由石头砌成的村庄，以其无处不在的"石文化"脱颖而出。当地政府十分重视对传统文化元素的保护利用，对村庄原有特色石头房屋、石板路、石器石具加以修缮保存，保留了古村落民居、石巷等的基本格局。在此基础上，村集体进一步突出"石文化"特色，加大古村道沿线建筑风貌和节点景观的包装，打造"石文化主题墙绘""可食地景"等小品节点，加快标识标牌、智慧旅游系统、游客服务中心等基本公共服务设施建设，村落景观串点成线，形成以"石文化"为主导、极具乡土气息、极富乡愁的滨海渔村。石壁为画布，乱石作画笔，双合村以其独特的韵味，先后获评浙江省级美丽宜居示范村、浙江省美丽乡村精品村等称号。

围绕"石文化"，文旅产业赢得新发展。双合村坚持以"石头记小镇"为核心品牌，开发集"吃住行游购娱"为一体的古渔村休闲旅游产品。紧扣"石文化"，大力发展独具当地风情的精品民宿，"从前慢""石壁风铃坡"民宿获评省级金宿称号。结合双合小岛形成历史和双合石壁"海誓山盟"的寓意，双合村启动"双

"石全石美"民宿

合石壁"爱情小镇文旅综合体项目，积极布局"爱情博物馆"等互动式项目，举办"恋上岱山·情定双合"岱山中式集体婚礼暨双合石头艺市活动，进一步提升了知名度。打造月光经济，以特色化、生态化、规模化、时尚化为方向，发展餐饮、娱乐休闲、精品购物、文化演艺等多业态集聚的时尚型夜市，培育"深夜食堂"特色餐饮街区，把双合村打造成绿色石化基地配套的夜生活经济区，激发集体经济发展活力。2022年，村集体经济收入由2019年的16万元跃升至80余万元。

承载渔岛记忆，村民生活获得新提高。"两头洞"海蜇是蓬莱仙岛的土特产，每年的七八月，村民可捕获成千上万斤的成品海蜇。近年来，双合村在保留百年传统海蜇加工方法的基础上，持续推进腌制加工、流通消费规范整治，加强对海蜇加工"软"资源的挖掘与活化利用，建成海蜇加工、体验、销售一条龙服务的乡村非遗馆，双合精品海蜇品牌得到了有效保护和发展。

编 者 说

地域特色是"美丽经济"可持续发展的活力，立足地方特色资源，选准绿色产业发展方向，有利于推动"绿水青山"向"金山银山"的转化。双合村坚持把发展和富民作为打通"绿水青山就是金山银山"转化通道的落脚点，依托跨海大桥"桥头堡"和双合石壁两大优势，通过加强对石文化、渔文化等"软"资源的挖掘与活化利用，打响"石文化"特色旅游和"两头洞"海蜇品牌，在乡村旅游"千村一面"的同质化竞争中破局突围，用良好的生态环境激活了实实在在的"绿色GDP"，走出一条文化与旅游深度融合发展之路。无论是"两头洞"海蜇，还是以"石文化"为特色的渔村，生态产品价值实现机制在探索中逐渐清晰，为海岛渔村发挥自身优势，走出特色脱贫致富路提供了良好借鉴。

浦江虞宅乡

"四村联合"共建共享绿色生态

虞宅乡地处浦江县西部山区，马岭村、新光村、智丰村和前明村为乡内沿S210省道的四个行政村，其生态资源禀赋和村域特色各异。虞宅乡深入践行"绿水青山就是金山银山"理念，创新采取多样化模式和路径，通过实施"四村联合"模式，依托村落风貌和环境优势，优化村间各资源利用效率，扩容四村联合体生态旅游阈值，大力开展区域生态环境治理、特色化生态旅游建设，打造乡村生态旅游万花筒；共享游客资源，相互导流，建设村域命运共同体，逐渐走出属于自己的"共享生态资源，拓展转化路径"的差异化道路。2018—2022年，虞宅乡

虞宅风貌

依托联合模式，共引进各类项目 10 个、创客 100 家，吸引游客超过 400 万人次，实现旅游收入近 4 亿元，村民人均收入从 16549 元增加到 40100 元，成功打造"中国最美乡村百佳范例""全国最美森林古道""全省最美公路""全省最美田园""全省最美河湖""全省最美绿道"六个标志性"最美"品牌。

创新统筹，构建乡村发展联合体。"四村联合"模式由虞宅乡牵头，建立四村协商议事机制和工作领导小组协作机制。科学划定四村功能分区与定位，综合确定各村生态环境保护和生态旅游业态发展方向，利用四村生态底蕴，综合拓展"绿水青山就是金山银山"转化路径，展现乡村发展联合体优势。

生态治理，擦亮绿色生态底色。全面推行"河长制"，建立村级护水小组；严格按照"挂图作战"责任治水模式和"三分离"生态清淤模式等系统开展区域环境治理。四村共同出力，摸清区域生态产品家底，健全自然资源资产产权体系，提高区域生态环境底色。

差异发展，打造乡村文旅万花筒。马岭村因村制宜差异化打造"旅游＋高端民宿"，引入"外婆家"创始人吴国平等知名投资人，打造了"不舍·野马岭"等高档民宿品牌。新光村深挖文创内生动力，打造"旅游＋文创"模式，开发地质科普、树皮画、雕刻传承、书画创作等乡村特色文化产品，推动"文创＋

马岭风光

直播""文创＋研学""文化＋旅游＋互联网＋创客"的共生孵化模式，拓展多元化"绿水青山就是金山银山"转化新模式。智丰村依托多种特色化农业种植，积极发展"旅游＋现代农业"。前明村依托全省最美绿道——茜溪绿道等元素，发展"旅游＋健身体育"，举办"浙江省气排球锦标赛"等省市级赛事和活动数十场、县级赛事活动45场。通过打造乡村文旅万花筒，虞宅乡（休闲旅游产业）榜上有名，获评2022年全国"一村一品"示范乡镇。

资源共享，夯实"两山"转化新模式。在四村联合模式下，村域间原有的行政边界被打破，虞宅乡茜溪秀美灵动山水的生态品牌效应综合显现，"文创""体创""农创"等资源板块得到有效整合，自然资源、人文资源和游客资源在虞宅乡的统一规划下实现共享，智慧旅游、夜间经济、亲子研学等新兴业态持续孵化，承接了多元化生态旅游需求，推动村村联动、产业相辅，多维度、全体系打造乡创文旅发展新格局。2021年，全乡生产总值达4.3亿元，休闲旅游产业收入突破2亿元。

编 者 说

习近平总书记强调，绿色生态是最大的财富、最大的优势、最大的品牌。虞宅乡依托区域内的山水景观和深厚的生态底蕴，通过实施"四村联合"，差异化打造村域亮点，成立乡村发展联合体，实现资源共享，不仅增强了个体的竞争力，而且形成了"四村区域优势"，将区域生态产品综合拓展至高端民宿、文化创业、现代农业和健康体育等方面，闯出了一条依托区域自然资源的多产业融合的新路子，可为乡镇内村域联动拓宽"绿水青山就是金山银山"转化路径、促进生态产品价值实现提供思路和借鉴。

第三篇

以环境保护制度创新为动力，持续增进人民群众生态福祉

　　良好生态环境是最公平的公共产品，是最普惠的民生福祉。

　　建设生态文明，重在建章立制，保护生态环境必须依靠制度、依靠法治。

　　要坚持精准治污、科学治污、依法治污，保持力度、延伸深度、拓宽广度，持续打好蓝天、碧水、净土保卫战，集中攻克老百姓身边的突出生态环境问题，让老百姓实实在在感受到生态环境质量改善。

　　——《习近平生态文明思想学习纲要》

习近平总书记在党的二十大报告中提出，"增进民生福祉，提高人民生活品质。"良好生态环境是增进民生福祉的优先领域，是建设美丽中国的重要基础。保护生态环境是生态文明建设的基本要求，必须依靠制度、依靠法治。只有实行最严格的制度、最严密的法治，才能为生态文明建设提供可靠保障。浙江牢记习近平总书记关于增进民生福祉、加快推进生态环境治理体系等指示，积极回应人民群众日益增长的优美生态环境需要，将优美的生态环境作为一项基本公共服务，深入打好污染防治攻坚战，并以污染防治攻坚战为工作载体，不断延伸治理深度，拓宽治理广度，把制度建设作为推进生态文明建设的重中之重，加快制度创新，强化制度执行。实现环境质量提升与民生改善需求相适应，持续擦亮生态治理浙江品牌。

本板块主要选取浙江省各地在生态文明建设过程中"坚持用最严格制度最严密法治保护生态环境""坚持良好生态环境是最普惠的民生福祉"两个方面的 10 个案例，包括北仑区梅山湾从"黄沙水"蝶变"蔚蓝海"，安吉县聚力生态联勤、护航绿水青山，开化县音坑乡下淤村治水惠民、打造现代桃花源等案例，重点展示全省各地强化法治建设、改善生态环境的特色做法。

淳安
"千岛湖标准"绘就泱泱秀水画中游

一直以来，淳安县委县政府始终把保护千岛湖生态环境作为第一责任，举全县之力呵护一湖秀水。为了进一步提升千岛湖生态环境保护水平，努力使千岛湖成为全国保护能力强、保护技术先进、水质优良的湖泊，有效推动千岛湖饮用水水源地水质稳定向好，向下游地区提供优质饮用水，淳安不断总结千岛湖保护经验，专门探索制定了全国首个覆盖全域的县级环境质量管理规范——千岛湖环境质量管理规范（以下简称"千岛湖标准"）。近年来，在"千岛湖标准"的保障下，淳安县生态环境持续保持优良，出境断面水质持续保持Ⅰ类，森林覆盖率达78.67%，空气质量优良天数比例达97%以上，获得了全国第四批"绿水青山就是金山银山"实践创新基地、第十一届中华环境奖、"五水共治"工作"大禹鼎"

千岛湖鲁能胜地亚运村

银鼎等一系列荣誉。

提高站位、制定标准，把握"千岛湖水质"保护的正确方向。 2014 年，随着引水工程正式动工开建，千岛湖从备用水源向正式饮用水源转变，千岛湖生态环境保护的特殊性和重要性日益显现。以此为契机，2016 年，淳安县推加生态环境保护再加码，在总结近 20 年环境保护经验的基础上，制定了全国首个最严地方标准——"千岛湖标准"，该标准整体严于国家一级 A 标准。2019 年，千岛湖配水工程建成通水、淳安特别生态功能区设立，为进一步强化千岛湖综合保护，淳安开展标准提标扩面修编工作，对"千岛湖标准"提标增项，出台"千岛湖标准"2.0 版。与"1.0"版本相比，"千岛湖标准"2.0 体现了全领域、全过程、全地域的特征，将管控范围延伸至空气、土壤、噪声、固体废物、森林等领域，涵盖规划、项目准入、污水运维、污染源监管等全过程，覆盖全县域 4427 平方公里。

拉高标杆、争先进位，树立污水处理改造提升的典型示范。 "千岛湖标准"对县城三座集中式污水处理厂的出水水质给出了详细的技术指标，并率先在污水处理厂打造试点工作。三家污水处理厂通过高质量提标、高标准建设、内部优化提升"三管齐下"，全面优化提升出水水质，为污水处理厂改造提升提供了典型示范。其中，城西污水处理厂采用 BBR 工艺 +JB-SC 生物转盘 + 芽孢杆菌的处理技术，全面降低了总氮含量；坪山污水处理厂采用 MSBR 工艺 + 微絮凝池 +V 型砂滤池，进行深度处理；南山污水处理厂完成设备、工艺的清洁排放改造，三者出水各项指标均稳定达到"千岛湖标准"。随着"千岛湖标准"的落地生根，千岛湖每年至少减少 45 吨总氮和 2 吨总磷，湖水水质得到全面提升，湖水底色进一步焕发光泽。

中共中央党校出版社出版"保水渔业"专著

精益求精、扎实推进，扛起"守护一湖秀水"的光荣使命。 "千岛湖标准"制定实施以来，淳安县牢记"守护一湖秀水"的使命，严格对标，在追求更高标准上不断努力。坚持以"污染物排放较国家一级 A 标准再下降 45%"等高标准为引领，全力把污染放的分子做得更小，把生态修复的分母

千岛湖生态浮岛（水上菜园）

做得更大。扎实推进山水林田湖草生态保护修复试点工程，总投资 20 亿元的农业、林业、工业、生活四个污染防治方案全面实施，生态浮岛、中水回用、净水农业等工作有序推进，构建了"流域——库区"一体化的全域护水智治体系——"秀水卫士"；在全市率先实现"污水零直排"集镇全域化目标；成立千岛湖水环境研究所、千岛湖生态系统研究站等机构，千岛湖"保水渔业"模式已成为中国水库生态保护和有机渔业发展典范，入选中共中央党校"两山理论"常态化教学课程，成功复制推广至江西阳明湖、湖北富水湖等全国 15 省 21 个湖泊。

编 者 说

保护生态环境必须依靠制度、依靠法治。习近平总书记指出："只有实行最严格的制度，最严密的法治，才能为生态文明建设提供可靠保障。""千岛湖标准"就是淳安县生态环境保护的高压线。多年来，淳安坚持生态优先、保护第一，在"水、气、声、土"等各领域全面实施比国家标准更严格的"千岛湖标准"，实施最严的环境监管和环境执法，加强环境污染修复和治理，打造山水林田湖草生态保护修复试点典范，实施山体、湖岸、湿地、流域、河流入湖口等生态修复工程，不断厚植生态绿色本底，生态环境质量持续保优。淳安推动出台"千岛湖标准"，并在实践中迭代升级，有效推动千岛湖饮用水水源地水质稳定向好，向下游地区提供优质饮用水，为全国湖泊生态环境保护提供了借鉴和示范。

浦江
治水涅槃之路

水润民心，泽被万物。水是人民的生命线，是产业的致富线，是国家的复兴线。十年前的浦江，遍布着2万多家水晶污染加工户、600多万平方米违法建筑，"牛奶河""垃圾河"恣意横流。2013年起，浦江县坚持以人民为中心的发展思想，打响"五水共治"浙江治水第一枪，统筹抓好水安全、水资源、水环境、水生态、水经济、水文化等工作，充分激活水动能，以水护绿增金，实现"生态经济化、经济生态化"双轮驱动融合发展。十年后，一幅人与自然和谐共生的美丽画卷已在浦江徐徐展开，一曲生态环境与经济社会协调发展的浩荡长歌在浦江奔涌向前，形成了浦江治水的"涅槃之路"。

1. **线路名称：** 治水涅槃之路。

2. **体验内容：**

体验浦江十年治水路。 2013年以来，浦江以"壮士断腕"的勇气和"一天都不耽误，一点都不马虎"的治水精神，以"五水共治"为主线、以"污水零直排区"建设为抓手、以铁腕治污为基础，开展了以水晶污染整治为主要内容之一的浦阳江水环境综合整治，推动"清三河"工作，实施了2624次"清水零点行动"，4672次"金色阳光行动"，942次"消防安全大整治"，关停21520家污染水晶加工户……完成了脱胎换骨般的逆袭。浦江翠湖治水主题馆作为浦江治水历史的记录者，是浦江治水攻坚工作的里程碑，更是生态文明精神的传承地。群众通过多媒体交互、模拟造景等数字化方式，可以沉浸式感受浦江治水历程，切实了解浦江人民与水"相识、相容、相生"的过程，体会优美生态资源向生态富民优势的转化。

体验浦江绿色蜕变。浦江坚持走水岸同治、以治促转的生态治理之路，强势推进水晶产业集聚发展和转型升级，推动传统产业破茧重生、新兴产业蓬勃发展，同时强化生态保护修复和中小河流整治，高品质打造幸福河湖，实现生态蜕变。成功创建8条省市级美丽河湖，建成10个水美乡镇、11个水美乡村，建设滨水文化休闲公园8处，亲水绿道30余公里，配套亲水平台和取用水埠头50余个。治水带来的蜕变，是10个浦阳江和壶源江干流断面及51条支流全部达到或优于Ⅲ类标准，也使生态环境质量公众满意度、"五水共治"公众幸福感（满意度）指数连续6年均居省市前列。群众通过生态游览乔杉问渠、翠湖荡漾、冯潘桥廊道、三江口湿地等，可切实体验绿色理念的践行成效。

3. 体验时间：1天。

4. 体验线路：

通济桥水库—乔杉问渠—治水馆—翠湖荡漾—冯潘桥廊道—三江口湿地

治水涅槃之路示范带线路

编 者 说

治水兴水，功在当代，利在千秋。浦江始终坚持"良好生态环境是最普惠的民生福祉"，秉承尊重自然、顺应自然、保护自然的理念，在治水过程中最大限度地保留了原生态，实现还生态于民。在"五水共治"水环境治理中坚持打好"精准治污、生态修复、智慧管护、绿色发展"的组合拳，多措并举、源头治理，综合"净水、活水和智水"三项举措，充分、灵活地发挥本地生态资源优势，持续擦亮生态底色。率先建立"河长制"，实现河道管护全覆盖，逐渐探索出整体智管、协同共护、价值共享一体集成的河湖美丽新路径，对在工业化和城市化过程中遭到重度污染的山溪型河流治理具有一定借鉴意义。

安吉

生态联勤护航绿水青山

　　绿色始终是安吉经济社会发展的底色。在守护绿水青山的背后，安吉始终坚持"用最严格制度最严密法治保护生态环境"理念，进一步向基层一线延伸生态环境联勤执法的触角、拓宽执法覆盖区域，整合多部门合力，在全省率先建成具有安吉辨识度、彰显安吉要素的"美丽河湖"浒溪生态联勤警务站和"饮用水水源地"安吉赋石水库生态联勤警务站，实现多部门联合入驻、实体化运转，构建"联勤联动联控联管"生态环境治理新格局，打造生态环境360度无死角全方位联动监管执法。安吉县生态联勤机制有效增强了环境执法威慑力，综合提高了基层环境治理、治安防控、社会管理和服务保障水平。

　　联勤"常态化"。创新建立安吉县公安局赋石水库生态联勤警务站，成立临时党支部，联合公安、水利、生态环境等8部门、2乡镇入驻办公。以"常驻＋轮值"形成联勤工作机制，即公安、生态环境、综合执法、应急管理、劳动监察5个部门人员常驻，市场监管、司法、消防、住建、自规等部门人员作为联络员，联勤联动。依托多部门执法合力，开展区域常态化环境监管，推动水资源、水环境、水生态"三水统筹"的水生态环境

安吉县生态联勤警务站

保护工作落地见效，及时消除环境安全隐患。

联动"信息化"。依托公安"天眼"系统平台、生态卫士掌上执法 App、生态环境企业"自巡查"系统、智慧环保等平台，整合现有执法信息、涉污企业、环境信用评价等相关数据，打造"大平台、大整合、大数据、大协同"的联动执法智慧管理体系，做到线索第一时间转递，巡查问题及时有效解决，实现警务站内部执法档案、执法案源、管理相对人、执法视频影像、信息情报等资源共享共治共管、高效流转。

联控"闭环化"。联合生态环境、公安、自规等部门，建立完善联合管控、联合执法、联席沟通、信息共享、应急联动、会商处置、有奖举报、考核奖惩等闭环管理制度，区分生态资源安全保护的事前、事中、事后三个环节，细化明确各部门乡镇工作职责，推动形成"全域覆盖、全员参与、全程闭环"的生态环境安全保护格局，坚决制止和惩处破坏生态资源的违法犯罪行为。

生态联勤执法

联管"网格化"。充分发挥基层网格和"基层治理四个平台"的作用，出台激励机制鼓励网格员发现问题，组织业务培训提升网格员的排查能力。每月定期巡查山林、水库周边及工业园区企业生态环境隐患风险点，每季度开展一次

"守青山、护绿水"主题活动日，组织家园卫士、热心环保人士、公益组织、志愿者等社会各界力量开展生态保护行动，营造全民参与环境治理的浓厚氛围，形成基层环境治理"一张网"。

水上联勤执法

编 者 说

只有实行最严格的制度、最严密的法治，才能为生态文明建设提供可靠保障。把生态文明建设纳入法治轨道，对生态环境予以最严格的保护，对破坏生态环境的行为予以最严厉制裁，才能从根本上遏制生态破坏问题发生，助力生态文明建设的持续健康发展。安吉积极探索智慧守护新路径，创新设立生态联勤警务站，聚焦生态治理领域重点违法犯罪活动，深化各行政部门间行刑衔接、公益诉讼、执法司法信息共享等协同合作，实现流程重塑、高效多跨，推动生态环境类案件从事后移交向事前防范转变。安吉生态联勤的特色做法有效解决了执法力量薄弱、执法手段单一、部门协调难等问题，也更加坚定了安吉以现代警务模式守护绿水青山的信心和决心，为其他地区开展部门协同推进生态保护提供了经验借鉴。

北仑梅山湾

从"黄沙水"蝶变"蔚蓝海"

　　宁波市北仑区梅山湾位于象山港口，是宁波—舟山港的主要腹地，南北向长11.5公里，环线总长25公里，总面积约7.25平方公里。曾经的梅山湾海水常年浑浊，泥路和荒滩遍布，如遇台风，内涝灾害严重，海床淤积加速，高涂浅滩互花米草肆虐，滩涂"沙漠化"趋势加剧，岸线脏乱无序。为改变这一困境，2016年起，北仑区通过"陆海统筹、河海兼顾、上下联动、智慧蓝碳"治理新模式，累计投入21亿元，全面实施梅山湾综合整治工程，使曾经海水常年混浊，泥路和荒滩遍布的梅山湾，摇身一变成为长三角区域唯一的近海蓝色海湾。梅山湾生

长三角地区唯一的近海蓝色海湾

梅山湾万人沙滩

态保护修复案例入选 2023 年全国海洋生态保护修复典型案例，梅山湾入选浙江省美丽海湾建设试点。

综合治理去旧颜，彰显"自然美"。 梅山湾综合治理工程以生态价值提升为核心，架构岸滩整治、生态修复等"1+N"综合治理体系，经过 3 年生态修复治理，共修复砂质岸线 2252 米，建成 32.4 公顷人工沙滩，构建 21.5 公顷海洋生态缓冲带，形成 20.8 公顷湿地。注重项目建设保障，高起点规划、高标准建设梅山水道海岸提升工程，使纳排水量达 8.5 亿立方米。梅山水道工程荣获中国建设工程鲁班奖。

污染防治展新貌，突出"环境优"。 深入推进"污水零直排区"建设，投资 5000 万元排查整改管网，投资 1500 万元实施海湾两岸农村生活污水治理改造提升，开展畜牧环境整治。注重源头管控，组织开展入海污染源排口专项排查，规范入海排口 63 个；持续推进入海河流整治，投资 630 万元清淤河道约 23 公里；有序推进截污减排工程建设，投资 4 亿元筹建春晓净化水厂，开展梅东片养殖塘退塘还田等工程。

亲海品质强提升，增添"普惠度"。 北仑区利用梅山湾优势资源，成功打造"万人沙滩""帆船游艇"等亲水环境，配套建成中国港口博物馆、宁波海洋研究院实践创新基地、宁波国际赛道、万博鱼航海中心等一批实践基地，先后举办世界 X-CAT 摩托艇锦标赛、国际汽联 F4 中国锦标赛、"一带一路"全国帆船邀请赛等大型国际国内赛事，吸引 10 万余人次前来，"生态 + 体育 + 旅游"融合模式加速催化，成为北仑乃至宁波的体育新名片。

编 者 说

作为临港工业地区的北仑，生态环境本底基础较为薄弱，人民群众对优美生态环境的需求范围广、层次高。多年来，北仑区始终坚持"良好的生态环境是最普惠的民生福祉"，通过复绿、增绿等生态环境保护与建设举措，营造生产、生活、生态相互融合的开放新空间，海域受损岸线得到美化、海湾得到修复。梅山湾"添绿增金"，体现了对人与自然关系、发展与保护关系的全新认识，绘就了人与自然和谐共生现代化的美好蓝图，不仅修复了"绿水青山"，又推动"绿水青山"成为提升老百姓安全感、幸福感、获得感的"金山银山"。梅山湾的实践有力证明了经济发展与生态环境保护不是非此即彼的"单选题"，为全国提供了经济社会高质量发展和近岸海域生态环境高水平保护协同共进的现代化美丽海湾新样板。

淳安

水上研学路，问水寻源助保护

新安江，发源于安徽省黄山市休宁县，从海拔 1629.8 米处起程，流入山涧，在斑斓山岭和白墙黛瓦间蜿蜒奔流 300 余公里，于浙江省淳安县汇集成为千岛湖，最终汇入钱塘江。早些年，新安江上游流域因快速工业化、城镇化导致流域生态遭到破坏，工业污染、生活污染和农业污染急剧扩大，水质逐年下降，呈现富营养化趋势。清澈的江水，曾一度沦为两岸百姓的"忧心水"。自 2019 年千岛湖配供水工程正式通水后，保障下游地区 1300 万人口的饮用水安全就成为千岛湖最为重要的责任与使命。淳安县坚持良好生态环境是最普惠的民生福祉，围绕科学护水治水，一路向上，问水寻源，通过"助力船舶污水上岸""成立千岛湖生态系统研究站""建设全省首个水质自动监测超级站"三点连线，开辟出一条直接而又独特的水上研学路，使千岛湖的全域护水体系得到进一步完善补强，一跃跻身全国饮用水水质安全监测最强行列。

1. 线路名称：水上研学路。

2. 体验内容：

一路向上，体验千岛湖水质变化。近年来，淳安县通过污水中转趸船接收靠泊游船排放的污水，形成船舶生活污水"回收—中转—处理"流水线，减少污水向千岛湖的直接排放。成立了千岛湖生态系统研究站，发挥专家智库、科研院所的作用，深化千岛湖保护专项研究，借智借力助推水源守护工作。坐船游行在千岛湖，一路向上，从中心湖到上游交界处，可直观地了解千岛湖上游来水水质状况。群众通过观察上游来水在千岛湖中的微妙变化，可体验千岛湖生态环境保护的成效，从而增强护水意识，珍惜水资源。

护水治水，体验现代化科技力量。淳安县以打造千岛湖全域护水智治体系为主线，建设了首个水质自动监测超级站——鸠坑口水质自动监测超级站。超级站除了能完整覆盖常规监测项目，还新增了包括63种重金属、900余项（160种定量和800多种半定量）持久性有机污染物和新污染物质以及多级生物预警等1000余项事关饮用水安全的指标，成为全国范围内监测项目最多的自动监测站之一，为保障千岛湖饮用水水质安全提供了全面、高效、具针对性的技术支撑。游客通过参观水质自动监测超级站，体验监测站的工作原理，让"局外人"明白"局内事"，更加了解千岛湖优质好水的背后故事，呼吁带动更多的人参与到环境保护中。

船舶污水上岸

水质自动监测超级站设备间

3. 体验时间：1天。

4. 体验线路：

船舶污水上岸—千岛湖生态系统研究站—鸠坑口水质自动监测超级站

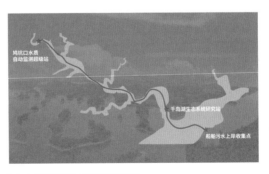
"水上研学路"示范带线路

编 者 说

　　治湖之要，重在治水，淳安在全域护水工作中持续发力，久久为功，成功开辟出一条直接而又独特的水上研学路。淳安创全国内陆湖泊水污染防治之先河，走出了一条独具淳安特色的船舶、岛屿污水"回收—中转—处理"之路，成功实现船岛"零直排"，让污水不再随波流。成立千岛湖生态系统研究站，研发"治水护水"理论和技术，为国家和地方河流、湖泊、水库等水环境生态保护及流域社会可持续发展提供一流的科技服务。建设水质自动监测超级站，进一步提升饮用水水质安全的数字化监测保障能力，有效保障下游杭州及嘉兴地区的饮用水安全，为全国各地内陆湖泊水污染治理提供了千岛湖经验。

开化下淤村

治水惠民，打造现代桃花源

开化县音坑乡下淤村位于开化县中东部，钱塘江的源头河——马金溪之畔，距县城 6.5 公里，区域面积约 1.4 平方公里，交通便利，境内金溪绕村，绿柳如茵，生态环境优美。党的十八大以来，下淤村全力推进生态文明建设和美丽乡村建设，并依托"水清、岸绿、景美"的生态优势，推动美丽环境向美丽经济蝶变，实现从城郊小村到开化"十大典范村"的华丽转变，先后荣膺"中国十大最美乡村""国家 3A 级景区村"等 7 个国家级、17 个省级荣誉称号，生动诠释了"良好生态环境是最普惠的民生福祉"的科学论断。

环境整治焕发新面貌。曾经的下淤村，污水横流，垃圾遍地。党的十八大以来，下淤村深入践行习近平生态文明思想，大力开展村庄生态环境治理，先后关停村内制砂厂、养殖场、红砖厂等多家污染企业，系统开展污水、垃圾、厕

下淤村全景

采砂场变身美公园

所、庭院"四大革命"。按照山水林田湖草整体保护、系统修复、综合治理理念，全力推进省首批乡村全域土地综合整治与生态修复工程项目在下淤村落地见效，治出美丽环境、改出乡村新貌。同时，下淤村深化落实"河长制"等一系列制度，制定完善村规民约，建立村民责任制以及村两委常态监督制度，实现对绿水青山的长效保护。

产业转型干出新气象。依托"水清、岸绿、景美"的生态新优势，下淤村聚焦滨河景观带、艺创风情带迭代升级，不断推动美丽环境向美丽经济蝶变，水上乐园、非遗技艺、艺术村落、高端民宿等生态旅游体验和宣教业态应运而生，实现了"百亩河滩胜过千亩良田"的华丽蝶变。2017年以来，下淤村提出"艺创源乡·乐活下淤"发展主题，对收储的41幢旧村老宅进行改造，引进了16名艺术家入驻村庄，打造了酒坊、豆腐坊、茶坊等"五坊六窑"，创办了7大非遗技艺工作室，一个融合了田园野趣与现代艺术的"霞洲艺术村"由此诞生。艺术家们吸引了前来艺术交流和打卡的游客，村民们无形中也享受到了生态红利。

增收富民带来新福祉。近年来，村集体积极流转收储土地承包使用权、旧村宅、溪滩地、闲置地等，目前全村90%以上的土地由村集体统一流转、统一规划、统一经营，村民每亩土地能拿到1500元的租金和分红。此外，通过引导、培训、督办等方式，鼓励村民参与村集体旅游项目的经营，村民在家门口就可以工作、创业。目前参与的农户占全村总户数的20%，年经营收入达1000万元。依托不断发展壮大的绿色文旅产业，下淤村年接待游客量持续上升，2022年突破50万人次，旅游收入近2000万元，村集体经济经营性收入近400万元。

编 者 说

环境就是民生，青山就是美丽，蓝天也是幸福。坚持良好生态环境是最普惠的民生福祉，就是要积极回应人民群众日益增长的优美生态环境需要，将优美的生态环境作为一项基本公共服务。下淤村坚持"良好生态环境是最普惠的民生福祉"理念，坚持生态惠民、生态利民、生态为民，将改善民生福祉作为生态环境治理和产业经济发展的初心使命，通过产业植入、文创融入、群众加入等发展模式，打出生态环境保护与经济社会发展的"组合拳"，探索出一条经济与生态互融共生之路，实现从一个城郊小村到目前村净村美、产业兴旺、民富民乐的"网红打卡村"的华丽转变，可为其他地区改善生态环境、深化绿色发展、增进民生福祉提供有益借鉴。

新昌大佛寺
精雕细琢城中花园

新昌大佛寺景区紧依新昌城区，历史文化悠久，名胜古迹众多，文化内涵丰富，自然风光秀美，既是新昌旅游形象的窗口，又承担了城市公园的功能，获有国家地质公园、国家重点文物保护单位、国家4A级旅游景区等荣誉。近年来，大佛寺秉承"绿色福利·旅游惠民"的宗旨，立足将生态普惠于民，下足"微改造"的"绣花"功夫，着重开展旅游环境提升、基础设施改善、旅游体验舒适等工程，提升游客的便利舒适度、体验满意度，让广大群众在山水间畅享文化体验。

"变废为景"，探索废弃矿山绿色开发新思路。 大佛寺景区原有小寺岙废弃矿山和般若谷两处明代废弃矿山，潜在危害性巨大。近年来，在确保地质安全的前提下，新昌县积极探索将废弃矿山治理与旅游景观设计相结合修复矿山生态环境。根据景区原

大佛寺

有地理环境、文化特色，最大程度地保留历史特征，深度融合自然山水和人文景观，成功将两座废弃矿山打造成为"亚洲第一大卧佛"的卧佛殿和堪称"水月洞天"的般若谷，既消除了地质灾害隐患，防止崩塌等突发性地质灾害，也塑造出两道全新的奇致景观，实现生态环境与人文价值的双提升。

"一虫一草"，破解景区治水难题。众多水域的存在让大佛寺景区变得灵动多姿，但水环境治理一直是个难题，以往采用的清淤、打捞等传统治水方法效果并不理想。2019 年起，景区引进"食藻虫引导水下生态修复技术"，利用食藻虫以水中藻类、有机颗粒为食，每天可以吞噬数十倍于自身体积食物的特点开展水生态修复。同时种植四季常青的苦草、龙须眼子菜、轮叶黑藻等沉水植物，构建"食藻虫—水下森林—水生动物—微生物群落"水下生态系统，形成虫控藻、鱼食虫食物链，恢复完整的"水下森林"生态链，让水"活"了起来。治理后的卧佛湖变得清澈透亮，经检测，水质达到地表水 Ⅱ 类水标准。"食藻虫引导水下生态修复技术"也在大佛寺景区其他水系中铺开应用。景区内湖水生物链更加完整，水体自我净化能力得到增强，实现了水利保障、生态保护与景区环境品质的

卧佛湖水

同步提升。

内外兼修打造"以厕成景"新模式。大佛寺景区将旅游厕所作为旅游景点打造，致力让游客体验"厕所即风景，如厕也享受"。景区的每一处旅游厕所都带有独特的个性化印记，景区将佛教文化、唐诗文化、隐士文化融入其中，设计成独特的旅游厕所建筑风格，如千佛禅院的佛教文化旅游厕所、般若谷戏曲文化的旅游厕所、商铺后影视文化旅游厕所等。旅游厕所全部按照国家3A级旅游公厕标准构造，采用自然光照结构设计，配套节能环保材料，通过增设绿植天井等手段，有效降低日常能耗。以五星级酒店标准制定《旅游厕所保洁标准》，建立"一小时自检，两次复检，不定期抽检"的常态化管理机制。对厕所保洁人员统一培训，实行清洁责任承包制。2017年，大佛寺景区获评"全国厕所革命技术和管理创新模式先进单位"。

编 者 说

"环境就是民生，青山就是美丽，蓝天也是幸福"，新昌大佛寺景区始终坚持"良好的生态环境是最普惠的民生福祉"的理念，通过废弃矿山治理、水环境改善提升和厕所革命等一系列举措，推动景区生态环境再上台阶，将生态财富普惠给人民大众，让大佛寺成为新昌城市名片的同时，也成为承载居民生活满意度和幸福感的重要载体。这是新昌保护自然生态环境、实现人与自然和谐共生的生动实践，彰显了人民至上的深厚情怀，对如何聚焦人民群众感受最直接、要求最迫切的突出环境问题交出了新昌答卷，为旅游景区改善生态环境、完善景区功能、提升景区品质提供了参考借鉴。

浦江
翠湖治水绘新卷

　　翠湖位于浦阳江西部最上游，是浦阳江浦江段最宽的江面。十年前，浦江是全省水质最差、卫生最脏、违建最多和秩序最乱的"四最"县，翠湖也一度成为远近有名的"臭水湖""垃圾塘"。为改变这一困境，2013年，时任浙江省委书记的夏宝龙站在翠湖畔，提出浦江治水要为浙江治水"撕开一个缺口、树立一个样板"；2014年，"五水共治"乘势升级，治水工作势如破竹。而今，昔日的"臭水塘"摇身一变为"好泳池"，成为全省首批可游泳河段和浦江国家湿地公园的重要组成部分。浦江县翠湖治水主题馆成功入选全省首批"五水共治"实践窗口，并成功创建第八批浙江省生态文明教育基地。翠湖水鸟翩飞、闲庭休憩，一幅人与自然和谐相处的温馨画卷跃然纸上。

　　净水：精准治污，综合施策。翠湖治水中，浦江坚持水岸同治，共关停取缔

翠湖荡漾

流域内水晶加工企业 1400 家、养殖场 17 家、废塑加工点 38 家，拆除违法建筑 8.3 万平方米，清淤 4 万多方，建设污水收集管网 2900 米，区域内 1092 户 3490 人生活污水实现统一收集、集中处理，彻底拔清污染源头。通过深化控源截污、健全管护机制等措施，翠湖水环境质量从连续 8 年劣 V 类提升至 III 类，炎炎夏日，每天都有上万人次到翠湖游泳、嬉水，翠湖已成为人们锻炼、休憩、健身的休闲胜地。

活水：生态修复，标本兼治。翠湖治理中，浦江在全省率先探索"三分离"生态清淤模式，创新实施"一厂一湿地、一库一湿地、一村一湿地"，开展翠湖区域河湖生态缓冲带试点建设和水生态健康评估，实现河道流域空间管控及流域生态长效化修复。经过治理，已形成以翠湖为主，3 个独立小湖泊、8 个生态小岛组成的水环境湿地公园。

智水：科技管护，提质增速。在翠湖沿段建设智慧排水系统，实现排水全过

翠湖治水前后鸟瞰图

程数字化和可视化。试点开发生态环境数智指挥系统,实现涉水应用场景,水环境质量数据、污染源数据、企业全生命周期信息一张图管理。利用物联网、无人机巡航、无人船监测、水质走行监测车等技术,对翠湖水质做"CT",开展实时监控。

编 者 说

生态环境没有替代品,用之不觉,失之难存,保护自然环境就是保护人类,建设生态文明就是造福人类。生态与文明、生态环境与民生福祉是紧密联系的。浦江县积极回应人民群众对优美生态环境的向往,通过"净水""活水"和"智水"三步走,不断提升翠湖生态环境质量,从"黑河臭水惹人厌"到"水清景美众人赏",翠湖的美丽蝶变是浦江治水成果最生动的展示,也是浙江治水工作的一个缩影。浦江县以生态环境质量改善的实际成效取信于民、造福于民,促进生态环境质量与民生福祉同向共进,为在工业化和城市化进程中遭到重度污染的河湖生态环境治理提供了思路和借鉴。

开化
建设百里金溪画廊，推动"一江清水送下游"

马金溪是浙江母亲河钱塘江的源头，全长 99.996 公里。从空中俯瞰，开化县的地形宛如一片绿叶，而马金溪则似一条叶脉，由北向南贯穿开化全域。这条"叶脉"曾一度"泛黄""发黑"，阻碍了开化接受"绿色"滋养。为了让马金溪美丽再现，开化县牢记习近平总书记"一定要把钱江源头的生态环境保护好"的殷殷嘱托，坚定"良好生态环境是最普惠的民生福祉"理念，通过持续完善流域生态保护、改善环境景观、发展绿色产业、发扬生态文化，形成了生态文明共治共建共享的良好格局。如今站在马金溪畔，放眼望去，碧波袅袅，群山如黛。通过大力发展生态旅游，马金溪已成为一条"共富带"，2021 年吸引游客超过550 万人次，旅游总收入超 34 亿元，被生态环境部评为全国首批美丽河湖提名案例，被水利部评为国家水利风景区。

马金溪齐溪水库段

1. 线路名称：百里金溪画廊。

2. 体验内容：

体验百里金溪青山秀水。近年来，为切实改善马金溪水生态环境，开化在"生态立县"发展战略的引领下，牢记"一江清水送下游"的初心使命，以马金溪流域综合治理为核心，贯彻系统推进、协同治理理念，坚持水岸共治、标本兼治，系统开展垃圾、污水、厕所、庭院"四大革命"，建立县域统筹的垃圾清运处理体系，实行河流禁采、禁养、禁渔、禁倒"四禁"，城乡生活污水治理、流域水质自动监测实现全覆盖，马金溪水质常年保持在Ⅰ、Ⅱ类。一幅层峦叠嶂、碧水潺潺的美丽山水图蔚然大观，群众沿着百里金溪画廊行舟漫步，可欣赏碧波袅袅、群山如黛的自然风光。

体验滨水产业繁花似锦。开化县充分利用流域治理成果，以马金溪的良好生态景观为支撑，统筹融合"山、水、田、文、体、旅"等元素，在沿线打造亲水主题公园、游步道、绿道，让良好的水生态成为美丽的水景观，同时将马金溪流域沿线的景点串珠成线，形成集源头探秘、生态休闲、民俗游赏、产业观光于一体的绿色生态廊道。沿线水上泛舟、休闲采摘、野外烧烤等乡村休闲旅游业态应运而生。群众通过生态旅游，可"沉浸式"体验马金溪沿线生态之美。

百里金溪画廊线路

3. 体验时间：1天。

4. 体验线路：

钱江源大峡谷—仁宗坑村—龙门村—姚家源村—红窑里—下淤村—桃溪村—金星村—花牟谷

开化县通过生态环境整治提升和亲水产业布局发展，建设"百里金溪画廊"，走出了一条治水增进人民福祉的道路。

将水生态环境治理摆在突出位置，统筹谋划，系统治理。水是发展之基、生命之源，开化县聚焦母亲河马金溪的保护治理，重拳出击，精准施策，完善流域治理保护顶层设计，建立健全相关体制机制，以项目为抓手，全力推进突出环境问题整治，使马金溪重新焕发美丽容颜，满足了人民日益增长的优美生态环境需要。

将治水与造景提业相结合，产业融入，一体布局。开化县围绕马金溪良好生态环境优势，深入挖掘沿线生态旅游、产业发展等资源和优势，以亲水产业为核心累计撬动投资 200 余亿元，催生了星罗棋布的亲水产业集群，展现了绿水青山的新优势。

将生态环境保护与群众福祉相联系，全民参与，共治共享。"民间河长""村规民约"等基层护河制度应声落地，展现了广大群众对美丽环境的珍惜和热爱，以及生态文明建设的基层智慧，营造了人水和谐，共治共享的美好氛围。

编 者 说

美好的生态环境是人们生产生活的必需品和稀缺品。开化县坚持"良好生态环境是最普惠的民生福祉"理念，秉持"一江清水送下游"的政治承诺，以全力提升人民群众获得感、幸福感为目标，以系统推进马金溪流域治理为抓手，以强化污染治理、推动生态修复为首要任务，以健全管理机制、强化能力建设为保障，以培育美丽乡村、美丽经济为核心，探索出一条流域生态治理助力乡村美丽、产业振兴的道路，群众经济收入显著增长，切身享受到了生态红利。马金溪的治理、保护和建设可为其他地区推进以流域为单元的生态保护与经济发展提供有益借鉴。

洞头区东岙村

蓝湾整治打造海岸生态修复金名片

温州市洞头区东岙村坚持"良好生态环境是最普惠的民生福祉"理念，借助"蓝色海湾"整治行动契机，持续探索美丽经济的海岛实践模式，全力发展旅游产业，从一个经济薄弱村一跃成为远近闻名的景区村、网红村，实现了"黄沙"变"黄金"、"石屋"变"银屋"的渔村蝶变。东岙村先后获评国家3A级旅游景区、中国美丽休闲乡村、浙江省百强魅力乡村等称号，入选浙江乡村振兴十大模式。2020年，东岙村全年接待游客103万人次，乡村旅游总收入达5800多万元，村集体经济收入是4年前的7倍，实现了老百姓在家门口就业、家门口致富。

蓝湾整治修复，打造美丽渔村"新形象"。东岙村具有得天独厚的自然景观，

东岙村

但受填海造地、取沙建房的影响，东岙村沙滩破坏严重。为修复村居生态环境，东岙村借助蓝色海湾整治行动，累计修复沙滩 1.84 万平方米，建成全市首个人工修复沙滩，完成 56 栋 160 间房屋的立面改造，并按照景区化标准，新建游客服务中心、海洋生态展示馆等配套设施 14 处，村容村貌明显改善。东岙沙滩修复成果入选新中国成立 70 周年成就展，被中央电视台《新闻联播》《焦点访谈》等专题报道。

文旅融合发展，塑造海洋文化金名片。东岙村依托"中国七夕文化之乡"金

东岙沙滩修复前　　　　　　　　　　东岙沙滩修复后

名片，常态化举办七夕民俗风情节，发力打造中国"七夕"第一村。通过多元化培育，主打旅游度假、时尚运动、健康养生三大业态，修复的东岙沙滩先后承办铁人三项世界杯、中印千人瑜伽盛会等一批重点赛事活动，并通过打造藤壶古巷、七彩网红巷、七夕情诗巷等特色古街巷，形成了独具特色的滨海文创步行街区。2022 年接待游客达到 76 万人次，超过当年洞头区接待游客总数的 15%。

成立民宿联盟，培育渔村富民产业。东岙村依托海岛生态环境优势，大力发展乡村旅游新业态。民宿行业成为东岙村规模最大、最具有代表性的旅游服务业，累计吸引 50 多位在外青年返乡创业，带动 100 多位渔民转产转业。为做好民宿品牌的推广营销，东岙村成立民宿联盟，负责民宿资源分配和品质管理。民宿联盟与当地旅行社开展战略合作，常态化组织民宿管家培训，不断提升民宿品质。东岙村每户民宿年均创收可达 20 万元以上，村民人均收入 3.2 万元，民宿发展经验在全国现场会上作典型交流。

编 者 说

　　良好生态环境是增进民生福祉的优先领域，是建设美丽中国的重要基础。东岙村以蓝色海湾整治为契机，提升村居生态环境和沙滩岸线景观，实现旧貌换新颜，有力推动了洞头海上花园的建设进程。同时，东岙村通过拓展多元化的生态旅游体验产品，推进传统渔业转型升级，深耕多产融合发展，实现一片沙滩激活一方经济，成为全国蓝色海湾整治修复建设的典型示范区和引领者，为海岛地区发挥自身优势，发展美丽海岛经济提供了良好借鉴。

第四篇
以减污降碳协同增效为抓手，不断提高生态文明建设的绿色发展成色

坚持绿色发展是发展观的一场深刻革命。要从转变经济发展方式、环境污染综合治理、自然生态保护修复、资源节约集约利用、完善生态文明制度体系等方面采取超常举措，全方位、全地域、全过程开展生态环境保护。

要坚定不移走绿色低碳循环发展之路，构建绿色产业体系和空间格局，引导形成绿色生产方式和生活方式，促进人与自然和谐共生。

——《习近平关于社会主义生态文明建设论述摘编》

绿色发展是构建高质量现代化经济体系的必然要求。党的二十大报告明确指出，我们要推进美丽中国建设，坚持山水林田湖草沙一体化保护和系统治理，统筹产业结构调整、污染治理、生态保护、应对气候变化，协同推进降碳、减污、扩绿、增长，推进生态优先、节约集约、绿色低碳发展。习近平总书记在多个场合提到，绿色发展是生态文明建设的必然要求，代表了当今科技和产业变革方向，是最有前途的发展领域。随着积极应对气候变化国家战略的深入推进实施，推动经济社会发展绿色化、低碳化成为实现绿色高质量发展的关键环节。这些年来，浙江全面贯彻绿色发展理念，实施数字经济"一号工程"、绿色经济培育行动，大力发展循环经济。通过治污倒逼产业转型升级，铅蓄电池、电镀、制革、印染、造纸、化工等重污染行业和地方特色行业整治提升成效显著，绿色发展指数多年稳居全国前列。

　　本板块主要选取浙江省各地在生态文明建设过程中践行"坚持绿色发展是发展观的深刻革命"的8个案例，重点讲述安吉县竹林碳汇改革开辟绿色发展新路径、嘉善竹小汇打造全国首个"零碳聚落"、新昌智能装备小镇借力智造"新动能"等绿色发展故事。

安吉
竹林碳汇改革开辟绿色发展新路径

安吉是"中国第一竹乡"，拥有毛竹林 87 万亩，曾以全国 1.8% 的竹产量创造了全国 20% 的竹产业产值。但由于经营技术传统、机械化转型困难、劳动力成本不断上升等原因，竹产业产品市场持续萎缩，竹产业发展逐渐面临下滑困境，这大大挫伤了竹农经营竹林的积极性。近年来，安吉积极落实"双碳"目标，依托丰富的竹林资源禀赋，创新开展竹林碳汇工作，通过竹林增汇技术和竹林碳汇项目方法学的研发与推广应用，着力在竹林碳汇生产、交易、收益分配等重点环节创新破难，推动竹林生态价值货币化以及竹林碳汇产业的形成。预计到 2025 年达到碳汇项目储备 80 万亩以上，年产碳汇 50 万吨以上。

大竹海：安吉拥有毛竹林 87 万亩

集聚竹林资源，做大碳本底。安吉通过深化林地经营权制度改革，将分散农户的竹林经营权统一流转至对应村股份制专业合作社，再由村股份制专业合作社集中流转至县"两山合作社"，最终由县"两山合作社"参与碳汇市场交易统一管理，从而推动全县竹林经营权由分散向集中转变，实现了毛竹林规模化、集约化经营，有效集聚碳汇资源，进一步夯实了坚实的碳汇本底。截至2022年，安吉已组建村毛竹专业合作社119家，实现千亩以上竹林行政村全覆盖，累计流传竹林83万亩。按照竹林年均新增碳汇0.39吨/亩（若经精心管理培育后，可达0.6吨/亩）和碳汇交易价格70元/吨计算，该县每年可产生碳增汇量近34万吨、碳汇收益2380万元。

绿色金融支持竹林碳汇发展论坛在安吉举办

构建碳汇平台，畅通碳市场。安吉聚力破解竹林碳汇生产周期长、交易滞后、价格和收益不确定等难题，依托县"两山合作社"，在全国首创县级竹林碳汇收储交易平台——"两山"竹林碳汇收储交易中心，构建了竹林碳本底、碳收储、碳增汇、碳交易、碳足迹、碳收益六大应用场景，实现了林地流传—碳汇收储—基地经营—平台交易—收益反哺的全链条闭环管理，打通了碳汇交易区域市场，为畅通全国市场奠定了良好基础。截至2022年，安吉已经实现了碳汇县内交易和市内跨县交易，前期已有4家企业购买碳汇9536吨，交易额56.3万元。2023年下半年还有10家企业将与安吉集中开展碳汇交易，购碳量1.4万吨，交易额 106.5 万元，购碳企业可获得 120.2 万元的金融让利。

完善分配机制，共享碳收益。安吉坚持"资源从农民手中来、效益回到农民手中去"，大力推行"两入股三收益"的农民利益联结机制，全面加快乡村全面振兴、竹农共同富裕。总的来说，就是农户将竹林资源资产量化入股，从而获取竹林流转租金、村专业合作社股金分红和经营竹林薪金三大收益，真正实现"存入绿水青山，取出金山银山"。截至 2022 年，安吉以整县域竹林碳汇量与国家开发银行达成了规模超百亿元、贷款期限 30 年的低息融资项目合作，进而撬动该县建设 10 个共富产业园、100 个小微共富产业园、1000 家共富乡宿、3000 公里"五彩共富路"和 10 万套共富公寓，可以带动村集体年均增收 100 万元以上、林农户均增收 8000 元以上。

编 者 说

实现碳达峰碳中和是一场广泛而深刻的经济社会系统性变革，绝不是轻轻松松就能实现的。在"双碳"背景下，安吉县牢牢把握历史机遇，主动对接"绿色发展""双碳攻坚"等时代命题，创新开展竹林碳汇增汇工作，并走向市场化实践应用。通过创新竹林碳汇改革、竹林碳汇实践，有效发挥了竹林在减缓全球气候变化、落实国家"双碳"战略和提高林业碳中和能力方面的重要作用，同时也促进了竹林资源的有效保护和高效利用，为安吉绿色发展解决了关系当下、辐射长远的重要问题，可为全国其他重要产竹区的发展提供有益借鉴，同时对欠发达国家通过开发竹林碳汇项目增加收入、提高应对气候变化能力也有一定的参考意义。

以"氢"赋能绿色低碳示范带

近年来，嘉善县深入践行习近平生态文明思想，坚持绿色发展理念，坚持把实现减污降碳协同增效作为促进经济社会发展全面绿色转型的总抓手，加快建立健全绿色低碳循环发展经济体系，聚焦氢能产业优势，推动移动源减污降碳与氢能产业融合发展，深入探索氢燃料汽车集成示范应用，全力打造长三角区域氢能和燃料电池

加氢站

产业基地。嘉善县先后获评浙江省氢燃料电池汽车示范点、浙江省交通强国（绿色交通）建设试点县，形成了以"氢"赋能减污降碳的"嘉善实践"，跑出绿色低碳发展"嘉速度"。

氢能产业龙头企业——安德曼氢能源装备有限公司

1. **线路名称：** 以氢赋能绿色低碳示范带。

2. **体验内容：**

　　体验"氢"能应用新示范。 嘉善县以公共交通为牵引，聚力破解氢燃料汽车成本难题，引导形成公共领域率先垂范、其他领域多点突破的"氢"车推广应用集成示范。截至 2022 年，累计推广各类氢公交 100 辆，覆盖线路 20 条，累计减少二氧化碳排放约 3200 吨。2022 年，商用领域 20 辆氢燃料电池厢式货车上线运营，环卫"氢"车辆正稳步推进，造就多元融合应用的"氢示范"。群众通过乘坐氢燃料公交车，可感受到与传统公交车相比，氢燃料电池公交车零污染、噪声小、运行平稳的明显优势。

　　体验"氢"能产业新生态。 在推动氢能产业链发展方面，嘉善县瞄准氢燃料电池点堆、动力系统集成等核心关键，精准绘制氢能产业招商地图，集聚构建了以爱德曼氢能源装备有限公司为龙头企业的"氢"车产业链，规划建设了 230 亩嘉善氢能产业园，法国液化空气、汉臣科技、浙江石油、中国石化等一批项目纷纷落户嘉善，筑就以"链"为基、协同发展的"氢生态"，呈现上下贯通、蓬勃奋进的新业态。群众通过参观爱德曼氢能源装备有限公司展厅、嘉善氢能产业园，可实地了解氢能源燃料电池的研发、生产、应用全过程，感受"双碳"背景下新兴能源的创新转型和能源行业的巨大变革。

　　体验"技术驱动未来"的"氢创新"。 嘉善聚焦研发氢能关键核心技术，搭建氢能产业科研和应用推广平台，强化科技创新的领航和支撑作用，依托祥符荡创新中心科创平台，引进中国科学院大连化学物理研究所、同济大学、吉利汽车研究院等一批重量级研发机构，开展氢能科学技术创新研发。群众可走进祥符荡科创绿谷、浙江大学智慧绿洲创新中心，开启氢能领域发展的科研探索体验之旅。

3. **体验时间：** 1 天。

4. 体验线路：

嘉善善通综合供能站—爱德曼氢能源装备有限公司—浙江大学智慧绿洲创新中心

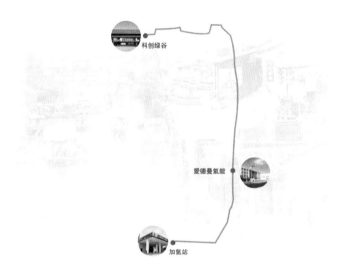

嘉善以"氢"赋能绿色低碳示范带线路

编 者 说

发展方式绿色转型是深入贯彻新发展理念的内在要求、摆脱工业文明现代性危机的必由之路、实现高质量发展的关键环节。嘉善以"氢"赋能绿色低碳示范带是大力推进能源革命和产业绿色转型发展、稳妥有序迈好碳达峰碳中和步伐的生动实践。嘉善推动绿色交通与氢能产业融合发展，拓展氢能示范应用，推动氢燃料电池在公共交通等领域的示范应用，引领市民绿色出行风尚。与此同时，聚焦氢能关键核心技术，加快产业升级打造高质量发展平台体系，大力培育新能源产业，强化研发服务等高端服务产业，推动县内产业结构、能源结构、交通运输结构等绿色转型升级，成功打造低碳运输"嘉善样板"。

宁波舟山港

以"零碳"港区建设探索绿色发展路径

宁波舟山港是全球首个年货物吞吐量突破 10 亿吨的大港，是世界集装箱运输发展最快的港口，也是我国大陆重要的集装箱远洋干线港、国内最大的铁矿石中转基地和原油转运基地、国内重要的液体化工储运基地和华东地区重要的煤炭、粮食储运基地，在共建"一带一路"、长江经济带发展、长三角一体化发展等国家战略中具有重要地位。2020 年 3 月 29 日，习近平总书记在考察宁波舟山港时提出，要坚持一流标准，把港口建设好、管理好，努力打造世界一流强港。为此，宁波舟山港坚持践行绿色发展理念，大力推进"公转铁"、海铁联运，推广清洁能源使用，加大环境保护投入，绿色港口建设全面起势。2022 年，宁波舟山港万元产值能耗同比下降了 10%，万吨吞吐量装卸能耗下降了 15%，用实际行动践行绿色高质量发展。

宁波舟山港——梅山港区

调整港口设备用能结构，构建清洁用能体系。通过加大集装箱轮胎龙门吊"油改电"和"混合动力"技术应用及改造力度，加快提升港口作业大型机械清洁化比例。推动港口和船舶岸电建设，积极推进老旧码头和船舶接岸电设施改造，截至2022年，已建成高压岸电25套、低压岸电243套，港口新建码头和船舶均具备接岸电功能，集装箱和散货码头低压岸电覆盖率为100%，低压常频接电点数量、覆盖面和平均年接电船舶艘次均位列全国港口前茅。

加大港口运输结构调整，减少道路污染排放。大力开展港口绿色集疏体系建设，促进"无缝对接"，提升铁路和水路货运量，稳步推进"绿色集疏运"。2022年，集装箱海铁联运达到145万标箱，同比增长20.6%，煤炭、铁矿石等大宗散货100%实现水路或铁路运输。积极推进水水中转、海铁联运、双层集装箱班列等低碳运输方式。矿石码头铁矿石铁路疏运量连续7年超千万吨。

港铁联运

船舶尾气在线监测系统

加强废气和粉尘排放监测处置，完善源头治理。实施有机废气的检测与修复，完成部分内浮顶储罐的高效密封技术改造，加强有机废气收集、处理和监测，完善处理工艺，保障处理效果，2022年安装有机废气处理装置4套，油气回收装置2套。加强散货码头防尘整治，确保散货堆放区域落实苫盖、喷淋和防尘网围挡等措施。宁波舟山港已实现散货装卸流程全封闭改造，有效减少了装卸、运输过程中的散落和扬尘。

编　者　说

　　坚持绿色发展是发展观的一场深刻革命，关键要从转变经济发展方式、环境污染综合治理、资源节约集约利用等方面推进。在"双碳"背景下，绿色港口是港口发展的必由之路，是解决港口在其发展过程中所遇到问题的关键。宁波舟山港将绿色低碳发展理念贯穿到港口规划、建设和运营的全过程，坚持"底线约束、高点规划"2个原则，围绕"调结构、强技术、重管理"3个方向，推动"能源消费低碳化、运输方式绿色化、资源利用集约化、管理模式智慧化"4个突破，打出了漂亮的绿色发展组合拳，实现了港口建设、资源利用、环境保护的有机结合，为沿海港口高质量发展提供了可复制、可借鉴的"舟山港方案"。

嘉善竹小汇
从"废旧村落"变身为全国首个"零碳聚落"

金色的稻田，密布的水网，数十座白墙黛瓦的小房子镶嵌其中，构成一幅美丽的江南水乡图。谁也没想到，这样一个打上"零碳聚落"标签的发展"模板"，曾是嘉善县祥符荡边一个废弃的小村落，村内的烂鱼塘水体富营养化程度严重，臭不可闻。嘉善县通过对腾退村落进行有机改造，引进科研智库力量，建设竹小汇零碳聚落，推动"废旧村落"向"零碳聚落"蝶变。

作为长三角生态绿色一体化发展示范区嘉善片区三周年二十大项目之一，竹小汇科创聚落项目坐落于嘉善县竹小汇村，总占地面积约100亩，总投资约1

竹小汇零碳聚落全景效果图

亿元，聚焦农田降碳、建筑零碳、生态固碳，应用太阳能、地热能、风能等多种清洁能源，综合应用低碳技术，成功打造远近闻名的国内首个零碳科创村落，探索形成我国低碳智慧乡村建设的可行路径。

聚焦多领域"零碳"，引领绿色低碳新模式。 竹小汇零碳科创村落通过综合应用低碳建材、光伏屋顶、地源热泵、污水处理等低碳技术，实现风能、地热能、太阳能、生物质能、氢能等可再生能源多能互补。建成10栋低(零)碳建筑，其中零碳建筑2栋，超低能耗建筑8栋。预计每年光伏发电量23万千瓦时，提供21万千克二氧化碳当量的碳补偿，其中，零碳建筑使用的能源由光伏发电系统提供，实现了自给自足。2022年引入阿里云数字技术和中国水稻研究所的植物低碳作业数字模型，建成1个低碳智慧稻田数字孪生平台，约400亩的低碳智慧农田通过精准灌溉，在不减产的同时可以实现稻田节水50%，降碳20%。采用氢能源车打造绿色交通，进一步拓展氢能的生产研发能源补给。低碳交通、市政工程产生的碳进一步被生态湿地、水系、农田、树木等中和，实现了碳平衡，从而使村落整体实现了零碳排放。

聚焦全周期"无废"，畅通物质循环新路径。 竹小汇零碳科创村落在建筑建造过程中采用废旧砖瓦，运行过程中采用智慧农田、垃圾降解、污水处理等技术，实现物质循环利用目标。一方面通过"智慧稻田"赋能"无废农业"。竹小汇智慧稻田通过精准灌排、无人农机、绿色防控三大智控系统和水、气、土三个

光伏瓦屋面(左图)风力发电机(右图)

在线自动检测体系，减少肥料使用 15% 以上，通过植物及微生物进行多级自然净化，使稻田退水氮磷含量降低 30% ~ 40%，有效减少水体面源污染。另一方面对污水进行再利用，采用 HQMBR 一体化污水处理成套技术与设备，有效降解和转化了污水中的各类有机污染物和氮，净化后的中水用于冲厕、景观植物、农田灌溉，污废水实现零排放。同时，设置无接触感应式垃圾桶和垃圾分类搜索引擎台，实现生活垃圾 100% 分类、收集、处理、回收。采用垃圾生物降解技术，在多种微生物共同作用下，垃圾减量率高达 99.37%，厨余垃圾等通过生物降解100% 在本地处理，成功做到厨余垃圾不出村。

编 者 说

　　绿色决定发展的成色，习近平总书记多次提到要坚定不移走绿色低碳高质量发展道路。为有效应对全球气候变化，建设清洁美丽的世界，中国主动提出力争 2030 年前实现碳达峰、2060 年前实现碳中和，这是我们对国际社会的庄严承诺，也是推动高质量发展的内在要求。竹小汇坚持绿色发展是发展观的一场深刻革命，聚焦多领域"零碳"和全周期"无废"，以聚落为单元，通过成熟技术和数字化手段形成零碳聚落、无废聚落和生长聚落三大技术模型集成的可持续、自演化改进的零碳聚落系统，比肩贝灵顿、哥本哈根等国际零碳样板，以适用技术集成输出，成功打造零碳示范"中国样板"，可为国内零碳社区建设提供可持续、可复制、可推广的"竹小汇模式"，有助于进一步推广打造低碳社区、低碳园区、低碳城区。

嘉善钢铁小镇
以"两创中心"撬动产业二次腾飞

  嘉善县陶庄镇位于嘉兴市北部，建有华东地区最大的废钢铁市场，曾有"钢铁小镇"的称号。随着时代的发展，粗放型的钢铁经济逐渐进入"寒冬期"，"低、散、弱"的发展现状使得经济效益逐年下滑，废钢乱放、建筑违建污染了小镇的环境，严重影响着人们的生活。面对此痛点，陶庄以"壮士断腕"的坚定决心掀起一场重整山河的腾退整治之战。2017年以来，陶庄牢固树立和践行绿色发展观，在守护绿水青山的同时，做足做活"建链、补链、强链"文章。在持续推动废钢铁产业转型升级的过程中，蹚出一条从"制造"到"智造"的绿色蝶变之路。2021年初，陶庄废钢产业整治模式成功入选"美丽浙江绿色发展十佳示范案例"。同时，陶庄镇与上海钢联联合发布的"陶庄城矿废钢价格指数"成为行业风向标。

陶庄"两创中心"全景

念好"退"字诀，腾退整治击破产业发展"天花板"。陶庄镇综合运用"拆、整、建、管"组合拳，打响史无前例的废钢铁产业整治攻坚战，突破产业发展桎梏，迎来产业发展拐点。2018 年，陶庄镇完成三大市场的整体腾退，盘活存量厂房近 2 万平方米；2019 年，全镇水域 40 个废钢铁码头全部腾退复垦，主干道路沿线腾退堆场 400 余户，拆除旧厂房 80 余万平方米；2021 年，腾退面积 10.78 万平方米的翔胜老工业园区。堆场清退、车床的轰鸣不再、河道水域重现往日面貌，陶庄实现了从"废钢大堆场"到"美丽大花园"的华丽转身。

念好"进"字诀，聚沙成塔打造全国最大单体。陶庄镇整合 14 个行政村的资源，共建陶庄钢铁产业园暨陶庄镇"两创中心"，投资成立嘉兴陶庄城市矿产资源有限公司，将其作为经营主体，以"两创中心"作为支点，加速推动钢铁小镇"腾笼换鸟"。在本地散户集聚发展的同时，陶庄镇瞄准废旧钢铁产业链，延链、补链、强链"三管齐下"，一方面做强本地企业，通过技术改造，与国内高校建立人才技术研究合作等，锻造产业链长板；另一方面建设合作产业大平台，加大双招双引力度，引进一批"专精特新"项目，加速产业转型升级，推动老旧设备更新换代，建设精密机械小微园区。截至 2022 年，公司累计完成废钢销售 447.35 万吨，营业额达 138.37 亿元。"钢铁小镇"实现二次腾飞，涅槃重生。

念好"融"字诀，双轮驱动唱响美丽乡村协奏曲。"两创中心"属于嘉善县第三轮"强村计划·飞地抱团"项目，以"发展一个产业，带动一方经济，富裕一方百姓"为出发点，陶庄根据各村特点，以土地资源入股方式，开创了村集体"零现金投入、零财务成本、零管理风险"增收新模式，为助力乡村振兴、推动农民增收提供了范本。在做好产业整治提升的同时，陶庄镇高度重视产业和环境、经济效益和社会效益的"双轮驱动"。以镇域产业转型升级为契机，对脏乱差和违建说"不"，把发展产业和保护环境放到同等高度，大力开展乡村整治，"美丽乡村"逐步串点成线，推进竹编、宣卷、莲湘等一大批非物质文化遗产项目活态化传承。将"美丽"基因融入民众生活，乡村振兴驶向"快车道"。

编 者 说

　　绿色发展是生态文明建设的必然要求，是解决环境污染问题的根本之策。陶庄镇始终保持生态文明建设战略定力，念好"退""进""融"三字诀，推进废旧钢铁循环利用产业转型升级，在整治腾退过程中探索"绿水青山就是金山银山"转化新路径，走上高质量发展之路。从"靠水吃水"的钢铁"零资源"小镇，到一跃成为"全国最大废钢铁市场"，再到数字化"双翼"并行让"陶庄城矿废钢价格指数"成为行业风向标，陶庄镇实现了从"废钢大堆场"到"美丽大花园"的华丽转身，打造出结合实际、因地制宜、扬长补短、腾笼换鸟的"陶庄模式"，使绿色成为陶庄高质量发展的底色，为各地钢铁加工产业转型升级提供了有益借鉴。

浦江

破立并举铸"晶"品

20世纪80年代，浦江是名副其实的"水晶之乡"、金华地区"五朵金花"之一。2011年，浦江已有水晶工厂和企业（作坊）2.2万多家，从业人员20余万人，实际产值200亿元，经济发展的同时也带来了严重的生态环境问题，浦江成为全省水质最差、卫生最脏、违建最多和秩序最乱的"四最"县，使水晶褪去了本应璀璨的光彩。产业转型升级势在必行。为此，浦江开展了"亮剑"水晶行业整治工作，从转变经济发展方式、环境污染综合治理、资源节约集约利用等方面采取超常举措，全方位、全过程开展生态环境整治。同时，大力推动水晶产业绿色转型升级，高质量发展步履铿锵。截至2022年，全县水晶企业达372家，其中规上企业87家；实现工业总产值65.77亿元，同比增长18%；工业投资完成2.81亿元，同比增长91.32%。

开展行业整治，倒逼产业转型提升。 正确处理经济发展和生态环境保护的关系，坚决摒弃损害甚至破坏生态环境的发展模式。通过开展刮骨疗毒式的整治，肃清集群发展环境，仅三年半时间，累计关停偷排企业和无证无照加工企业（作坊）2万余家。全县水晶企业（含作坊）由2.2万多家骤减至526家。出台《浦江县水晶行业转型升级三年行动计划》《促进水晶产业健康发展若干意见》等文件，系统性扶持产业集群发展。除近百家厂房手续

水晶小镇小微创业园

齐全外，其余全部入驻浦江县水晶产业园区。

打造发展平台，推进产业集聚发展。启动中部、东部、南部、西部四个水晶产业集聚区建设，编制《浦江水晶企业集聚入园办法》，按照"分区规划、分类入园、分质分流"要求，通过建设现代化厂房，统一供电、供水、供气和集中治理污水，为水晶产业的"凤凰涅槃"提供载体平台，环境污染得以根治，彻底转变了水晶行业"低小散"的生产模式，园区企业也走上"以平方税收论英雄"的道路。

聚焦技术难题，推进产业转型升级。近年来，浦江县立足科技成果加快转化、关键技术共享共用，建立"揭榜挂帅"全球引才机制，围绕"卡脖子"技术难题，从企业需求端、科技供给端、政府服务端三端协同发力，构建起"企业出题、政府立题、人才破题"的路径。自"揭榜挂帅"系列活动实施以来，已累计发布各类榜单160余项，榜额超1.49亿元，促成揭榜51项，兑现榜额1474万元，进一步畅通了企业与高校科研院所的沟通渠道，有效推进了产业转型升级。

编 者 说

坚持绿色发展观是实现资源环境保护与经济社会发展协调共进的基本遵循。浦江水晶产业过去高度依赖物质资源，发展粗放，导致生态环境恶化与破坏。浦江县以生态优先、绿色发展的理念推动水晶行业系统性变革，通过协同"企业需求端、科技供给端、政府服务端"三端发力，推进浦江县水晶产业的绿色高质量发展，实现产业升级和环境美丽的双赢。浦江水晶产业的自我革命，是当地加快形成绿色发展模式的源动力，其特色举措为地方传统产业绿色转型升级提供了良好借鉴。

临安青山湖
打造"零碳"智慧科技城

　　临安区是浙江省首批、杭州市唯一的综合类低碳试点县，绿色发展百强区。绿色，是临安的"最美底色"，为守护好这份大自然赠予的财产，作为杭州城西科创大走廊"四城"之一的青山湖科技城抢抓"双碳"建设窗口，探索建设一座生态与产业共融的"理想之城"。目前，这座"理想之城"正逐渐落地成为现实，在大走廊上熠熠闪光。青山湖科技城始终坚持绿色发展是发展观的深刻革命，转变经济发展方式，自觉地推动绿色发展、循环发展、低碳发展，聚力参与杭州城西科创大走廊建设，积极淘汰落后产能，实现能源结构绿色化。以"零碳"目标叠加"智慧"手段，不断强化绿色科技支撑，实现创新体系绿色化。2021 年，青山湖科技城成功入选国家级绿色园区名单。

LinkPark（滨河）"零碳"智慧产业园

青山湖科技城生态美景

做好"腾笼换鸟"。青山湖科技城明确重点发展的产业链和循环链，围绕提高科技城资源产出率和降低污染排放量，制定完善的产业导向目录及招商引资指导目录，着重引进技术含量和附加值高的项目，加快淘汰落后产能和高污染、高能耗项目。园区全面推行清洁生产技术和 ISO 14001 环境管理体系认证，实行"三废"集中规范处置。三年淘汰落后产能企业 53 家，实施技改投资达 30 亿元，累计引进"大好高"产业化项目 42 个，总投资达 200 亿元。

加强节水管理。坚持生态优先、绿色发展理念，鼓励企业实施各项节水技改项目，落实各项节水计划工作，对节水标杆企业、省级节水型企业一次性予以 10 万元奖励。建设智慧水务平台，实施园区用水户数字化集中管理，做到"一网通用、一网可查、一网可见、一网监测"。截至 2022 年，已有 7 家省级节水型企业、3 家节水标杆企业。园区万元工业增加值取水量 3.99 立方米、水重复利用率 91.13%，万元工业增加值废水排放量 3.33 立方米，均达到国内先进水平，成功创建国家水效领跑者园区、浙江省首家节水标杆园区。

推进减污降碳。自奠基以来，青山湖科技城大力支持企业开展绿色化改造，实施零碳建筑、光伏走廊、分布式能源＋多能互补能源系统等一系列节能降碳工程，不断厚植绿色"底色"。青山湖科技城内的 LinkPark（滨河）"零碳"智慧产业园通过构建双碳数智服务，引导市场主体由能源管理向碳控管理转型，实现"算碳、管碳、用碳"整体过程管控。深化与国网临安供电公司"碳电协同"合作，通过发挥本土企业作用，2022 年建成"460 千瓦时（峰值）分布式光伏""120/220

千瓦时分布式储能""光伏车棚"等治碳、节能和降碳应用场景。光伏年发电量90万千瓦时，每年可中和园区温室气体排放量633.15吨（二氧化碳当量）。青山湖科技城万元增加值综合能耗仅为0.2009吨标准煤，比全省标准线低一半以上，被评定为国家级绿色园区标杆示范。

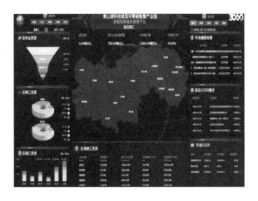

数智控碳平台

编 者 说

党的二十大报告中明确提出，推动绿色发展，促进人与自然和谐共生。青山湖科技城深入贯彻落实绿色发展理念，紧紧抓住城西科创大走廊发展契机，不断探索绿色低碳发展路径，通过淘汰落后产能和打造绿色园区，加速产业转型升级，多措并举推进节水降碳，助力绿色低碳高质量发展。在遵循绿色发展理念的同时，突出"智慧"二字，充分发挥数智平台作用，实现精准高效管理。将减污降碳作为青山湖科技城发展的重要任务，形成一批可应用、可复制、可推广的"双碳"应用场景以及"园区级"零碳产业链良性循环协同运作模式，为全国碳达峰碳中和工作贡献了临安智慧。

新昌智能装备小镇
借力智造"新动能"迈入发展"快车道"

新昌是典型的山区小县，但创新能力突出，形成了"小县大科技"县域科技创新"新昌模式"。2015 年，新昌县以绿色发展理念为引领，高水平启动"智能装备小镇"建设。智能装备小镇位于新昌高新园区梅澄区块，核心区域面积 3.47 平方公里，依托新昌省级高新技术产业园区产业集聚、企业实力、创新支撑、自然人文等方面的优势，大力发展高端智能装备制造产业，同步发展创业服务、文化旅游和生活服务等配套产业，打造时尚现代的"小镇客厅"。新昌智能装备小镇在 2021 年度省级特色小镇考核中获得优秀，并被评为 2021 年度省级特色小镇"亩均效益"领跑者。

新昌

坚持绿色发展，推进布局优化、结构调整。一是以打造全国一流的高端智能装备制造产业基地为目标，坚持深耕产业高端领域和高端环节，形成了以小镇客厅为核心，制冷配件、智能纺机、汽车零部件、通用航空、智能家居为主体的"一核五区"高端智能装备制造产业集群。二是狠抓传统产业改造升级，轴承产业探索出"配件—成品—生产装备"链式发展的新路径，浙江日发精密机械股份有限公司通过"科技＋资本"成功切入生产装备研发制造环节，小镇聚集"三花""日发精机""五洲新春"等多个全国乃至全球的制造业单项冠军。三是按"补链—强链—全产业链"招商模式，对高端装备制造、电子信息等产业进行"靶向"招商，优化产业结构。截至2022年，小镇已入驻企业60家，其中"专精特新"企业10家、隐形冠军企业5家、单项冠军示范企业2家，企业质量得到优化提升。

坚持创新驱动，推进智能升级、活力迸发。一是创建创新创业服务平台，举办创新创业活动。目前已有创新创业服务平台5家，初创型、中小型科技企业42家，全国首个县域国家科技成果转化服务示范基地在小镇落户。二是集中力量攻克关键核心技术，浙江五洲新春集团股份有限公司创新研发的风力发电机组变桨轴承滚子，实现国产替代进口，打破国内空白，产品畅销国内外；浙江新创氢翼科技有限公司研发了全球首款结构功能一体化设计的量产型氢动力无人机、全球首款集成降落伞的量产型氢动力无人机；浙江中财管道科技股份有限公司等一批"无废工厂""绿色工厂"引领产业转型升级。目前小镇拥有省级未来工厂或智能工厂（数字化车间）试点企业6家。三是推动5G工业应用，综合运用大数据、云计算物联网、AI等先进技术构建16个智慧子系统，全方位打造"智慧小镇"应用服务体系，实现对生产物料和生产工具的跟踪及轨迹控制，推动生产线智能化。

聚焦产城融合，推动功能聚合、品质提升。智能装备小镇按照产业、文化、社区、旅游"四位一体"的发展模式，积极构建产业生态圈，推动从单一的生产型园区经济，向生产、服务、消费等多功能的城市型经济转型。依托澄潭江、丘山文化园和梅渚古村，构建便捷"生活圈"、完善"服务圈"和繁荣"商业圈"，增强生活服务功能。同时，以工业旅游为切入口，以国家3A级旅游景区为载体，积极发展工业游、商务游、研学游等旅游业态。截至2022年，累计吸引游客140万余人次，致力成为全省"产业＋旅游"的发展典范。

数智装备小镇客厅

编 者 说

　　绿色发展是顺应自然、促进人与自然和谐共生的发展，是用最少资源环境代价取得最大经济社会效益的发展，是高质量、可持续的发展。新昌智能装备小镇牢固树立生态优先、绿色发展理念，以生态资源为本底和优势、以科技创新为手段和主旋律，围绕绿色生态发展和产城融合两条主线，聚力"绿色智造"主题产业生态，打造"一核五区"发展格局，依靠科技创新推动工业经济转型升级、小镇产业集聚效能有效释放。以工业文化赋能旅游产业，将智能装备小镇与区域文化资源有机结合，培育拓展工业旅游消费新业态新空间，实现用旅游业带动现代服务业发展，是城市小镇走"生态、生产、生活"融合发展之路的有益探索，为全国其他同类地区提供了经验借鉴。

第五篇

以人与自然和谐共生为导向，
大力提升生态系统多样性稳定性持续性

自然是生命之母，人与自然是生命共同体。

生物多样性既是可持续发展基础，也是目标和手段。我们要以自然之道，养万物之生，从保护自然中寻找发展机遇，实现生态环境保护和经济高质量发展双赢。

生物多样性使地球充满生机，也是人类生存和发展的基础。保护生物多样性有助于维护地球家园，促进人类可持续发展。

——《论坚持人与自然和谐共生》

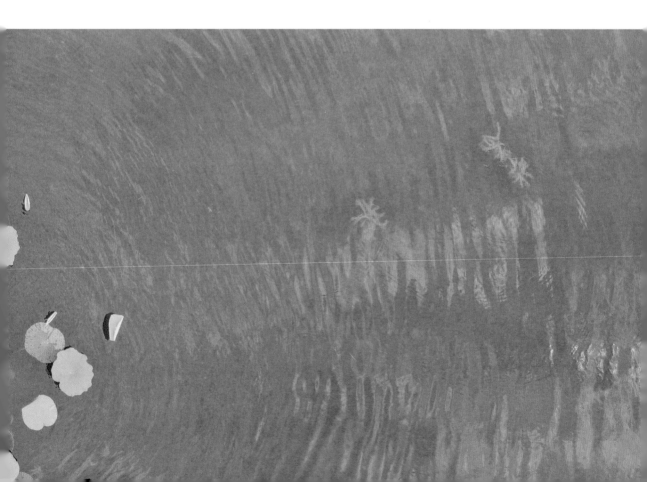

大自然是人类赖以生存发展的基本条件。习近平总书记在党的二十大报告中指出，人与自然和谐共生是中国式现代化的重要特色，促进人与自然和谐共生是中国式现代化的本质要求。人与自然和谐共生高度契合了新时代高质量发展的总体目标，深入贯彻了以人民为中心的发展思想，推动发展了人类文明新形态，对筑牢中国式现代化绿色根基，实现中华民族永续发展具有重大现实意义和深远历史意义。浙江谨记习近平总书记关于努力建设人与自然和谐共生的现代化的重要指示，以习近平生态文明思想为指导，坚持尊重自然、顺应自然、保护自然的理念，进一步统筹推进山水林田湖草一体化保护修复、生物多样性保护利用及科普宣教等重点工作，各地生态系统质量和稳定性有效提升，生物多样性保护进一步走向主流化，人与自然和谐共生的现代化进程稳步推进。

本板块主要选取浙江省各地在生态文明建设过程中"坚持人与自然和谐共生""坚持统筹山水林田湖草沙系统治理"两个方面的 14 个案例，包括开化县钱江源国家公园守护生物多样性打造万物共生家园、杭州市临安区立体式呵护"浙西精灵"、仙居县保护生物多样、共建生态文明之路等案例，重点展示各地生态修复和生物多样性保护的特色做法和亮点成效。

开化钱江源国家公园
守护生物多样性，打造共生家园

钱江源国家公园体制试点区位于开化县西北角，涉及苏庄镇、长虹乡、何田乡、齐溪镇 4 个乡镇，总面积 252 平方千米，是"长三角"地区唯一的国家公园体制试点区，境内拥有大面积全球稀有的中亚热带低海拔典型原生常绿阔叶林地带性植被，生态系统原真性、完整性保存完好，共有 2234 种高等植物、372 种脊椎动物在此繁衍生息，是中国特有物种黑麂的集中分布区。试点区于 2016 年 6 月正式获得国家发展改革委批复，在习近平生态文明思想的指引下，钱江源国家公园不断探索生物多样性保护的新模式、新路径，打造了万物共生共荣的美好家园。

钱江源头石碑

制度创新，破解生物多样性保护的掣肘难题。针对钱江源国家公园范围内土地权属复杂问题，2016 年制定了《钱江源国家公园体制试点区山水林田河管理办法》，对国家公园范围内自然生态空间进行统一确权登记，并针对性制定了用途管制和生态修复措施。2018 年探索开展了地役权改革，建立了地役权补偿机制和社区共管机制，在不改变土地权属的基础上实现了自然资源的统一监管，同时配套制定了原住民特许经营、野生动物肇事保险、救助举报奖励等一系列配套制度政策，切实化解保护与发展、人与动物的各类冲突，相关做法入选 COP15"生物多样性 100+ 全球典型案例"中的特别推荐案例。

"生物多样性 100+ 全球典型案例"荣誉证书颁奖仪式

监测科研，夯实生物多样性保护的重要基石。钱江源国家公园建成了卫星和近地面遥感、森林冠层、地面综合观测等于一体的森林生物多样性"空天地"综合监测体系，实现对全境重要生态系统以及关键物种的长期动态监测，为生态系统保育修复、濒危物种保护和可持续发展提供重要保障，相关经验写入 2019年联合国可持续发展峰会《地球大数据可持续发展研究报告》。完备的监测体系吸引了苏黎世大学、北京大学等 30 余所国际知名院校来此开展研究，截至2021 年已有 349 篇研究成果在世界生态学顶级期刊发表，其中 270 篇被 SCI 收录（Science 2 篇）。

　　生态修复，腾出生物多样性保护的最大空间。完成《钱江源国家公园生态修复专项规划》《钱江源国家公园人工林生态功能监测与评估》等生态修复课题研究，实施"栖息地保护与恢复"项目建设，开展《齐溪莲花溪流域生态修复》等方案设计。加强旗舰物种抢救性保护研究，开展朱鹮野外放归异地保护、黑麂等珍稀濒危物种抢救保护基地建设。推进国家公园范围内建设项目整治，5座小水电完成退出，4座实行生态流量控制，出资1.84亿元完成水湖枫楼招商引资项目的整体回购，最大化保护生物生存繁衍空间。

　　高效监管，铸实生物多样性保护的铜墙铁壁。立足钱江源国家公园三省七县交界的区位实际，构建跨区域联动保护机制，与毗邻的淳安、休宁等六县签订合作协议20余份，成立钱江源国家公园融治中心，实现跨区域协同保护。同时，借助数字赋能等技术手段，推出野生动物自动识别、无人机巡检、火情监测预警等多种数字监管方式，实现生物多样性"看得见、管得住"。各区域每年联合开展"清源""清风"等专项行动，全力打击盗猎偷捕、破坏生态资源等行为。

　　宣传教育，营造生物多样性保护的全民共识。编制实施《钱江源国家公园环境教育专项规划》，陆续建成了钱江源国家公园科普馆、暗夜公园星空馆、中国清水鱼博物馆、珍稀植物园等宣教阵地，科普馆基本陈列展品荣膺浙江省第十六

钱江源国家公园科普馆

届博物馆陈列展览"十大精品"项目，不断丰富了《打开亚热带之窗》《潮起钱江源》等视频、丛书宣教载体，开展"万名青少年走进钱江源国家公园研学""小小公民科学家"等研学体验活动，引导公众将生物多样性保护切实转化为行动自觉，先后获得国家青少年自然教育绿色营地、全国科普教育基地、浙江省生物多样性体验地等荣誉。

编 者 说

自然保护地建设是生态文明建设的核心载体，在维护国家生态安全中居于首要地位。钱江源国家公园坚持系统观念，整合毗邻的古田山国家级自然保护区、钱江源国家森林公园、钱江源省级风景名胜区及其之间的连接地带，通过建立统一的自然资源保护管理办法、跨区域协同保护机制、多要素汇集的监测监管体系等，有效提升区域内生态系统的多样性、稳定性、持续性。同时，坚持人与自然和谐共生理念，全面实施地役权改革、特许经营、肇事保险等制度，深入开展环境保护宣传教育，激发全民责任意识，做到保护与发展、"人权"与"生物权"、"人美"和"自然美"融合推进，真正架起了人与自然相生相融的桥梁。钱江源国家公园的做法可为自然保护地等生物多样性保护优先区域进一步深化生态文明建设提供借鉴。

仙居

以博物馆为媒助推生物多样性保护

仙居生物多样性博物馆位于仙居县白塔镇，展厅面积约 3000 平方米，主要包含地质景观展区、生态系统多样性展区、动物多样性展区、植物多样性展区、微生物多样性展区等区域，馆藏标本 600 余件，全面展示了仙居本土的地质地貌、生物和文化多样性，是浙江省第一座以区域生物多样性为主题的博物馆，也是仙居与法国开发署开展国际合作的重点项目之一，更是对外交流展示仙居生物多样性保护成效的重要平台与窗口。自 2022 年 5 月建成开馆以来，已接待游客超 4 万人次，2022 年获浙江省首批"生物多样性体验地"授牌。

仙居生物多样性博物馆全貌

　　加强国际合作共建。从 2015 年开始，仙居县制定实施了《仙居县生物多样性保护行动计划（2015—2030 年）》，要求依托旅游景区建设生物多样性科普教育基地，建设生物多样性博物馆。同时，仙居县还通过"生物多样性保护"这座桥梁，与法国开发署签订 7500 万欧元的贷款协定，为生物多样性博物馆注入大量的建设资金。法国开发署还联合法国公司提供博物馆设计服务，引入先进的国际化博物馆设计理念。

生物多样性博物馆大厅

　　激发群众保护意识。自开馆以来，仙居生物多样性博物馆不仅展示了仙居的生物多样性保护工作，更担当着仙居生态文化之亮点和灵魂的重要角色。博物馆充分利用标本、视频、VR 等技术，把隐藏在深山老林的物种、栖息地修复活动等鲜活地展示在游客眼前，不仅强烈地冲击着游客的感官，也增强了本地居民的自豪感和积极性，激发了越来越多的人保护生物多样性的热情和动力。仙居县还聘任了中国女足队员李梦雯为"仙居县野生动物保护形象大使"，帮助宣传推广野生动物保护工作。

　　创新特色研学课程。依托自身的生态资源优势和地方特色农业及乡村农耕文化，在博物馆内建立区域生物多样性展区，面向中小学生开展研学公益课堂及研学旅行教育体验活动，将科普与趣味活动充分结合，并融入仙居特色的生物多样性保护和利用文化，不仅发挥了博物馆的收藏、展示功能，还充当着"学校"的功能，让中小学生了解仙居的生物多样性，种下保护的种子，激发保护的想法，并参与到保护中来。

博物馆暑期研学公益课堂

编 者 说

　　保护自然，是全面建设社会主义现代化国家的内在要求，是生物多样性保护的基础。仙居县政府在习近平生态文明思想的引领下，始终坚持人与自然和谐共生，以政府为主导，汇聚国际力量，深度开展国际合作，积极履行生物多样性保护相关条约义务。创新建设生物多样性保护实践和宣传平台，以生物多样性博物馆为载体，展示生态修复、生物多样性保护等人与自然和谐共生的实践成果，并将当地传统特色文化与现代宣教研学手段完美融合，营造了尊重自然、顺应自然、保护自然的社会氛围，走出了一条仙居特色的生物多样性保护之路。这些做法可为区域创新生物多样性保护的资金来源、拓展宣传载体等提供参考和借鉴。

临安
立体式呵护"浙西精灵"

　　临安区清凉峰国家级自然保护区深入贯彻落实习近平生态文明思想，坚持人与自然和谐共生的理念，在过去的几十年中，多措并举立体式呵护华南梅花鹿，种群保护成效显著，科研成果频出。保护区在规范化、有序化、长效化保护好生物多样性的同时，积极发挥生态保护宣传教育阵地的作用，形成立体式保护网络与体验地格局。截至2022年，保护区内野生华南梅花鹿种群规模达到300多头（自然保护区设立前仅80多头），并作为浙江发布的10种有代表性的珍稀野生动植物之一，上线联合国《生物多样性公约》缔约方大会第十五次会议（COP15）浙江馆向全球展示。

华南梅花鹿

以生境改善为先，打造适栖环境。自 2000 年开始，保护区开展了梅花鹿栖息地环境改良工程。从 2002 年对第一头救护的华南梅花鹿进行半散养，到 2014 年保护区扩建华南梅花鹿繁育试验场，已建成围栏面积近 180 亩。同时，围栏内还设计有多个功能区块及视频监控设备，为保护区进一步了解梅花鹿生活和生态习性，开展相关科研工作奠定了良好的基础。实施浙江省濒危物种华南梅花鹿抢救性保护项目，构建华南梅花鹿栖息地适宜性模型，并根据模型模拟结果对梅花鹿栖息地进行改良。生境改良后的区域梅花鹿活动明显增多，同时梅花鹿破坏农作物的现象也得到有效缓解，为解决野生动物与人类的生存矛盾做出了积极贡献。

以健全设施为要，织密保护网络。成立全省首家生态警务室，运行"一室六队五联"工作机制，内设指挥岗位和视频巡查岗位，整合环保、治安、交警、森警、保护区内保、景区保安、公益救援七支队伍，开展常态联防、生态监察、节点联勤、应急联动、部门联商、区域联管工作，形成生物多样性保护合力，有力保障了自然生态安全。定期召开野生梅花鹿保护宣传专题会议，与各乡镇、村签订野生梅花鹿保护协议，聘请部分村民为义务监督员。建立梅花鹿观测站，对梅花鹿重要活动区域加强巡护监测。加大对毗邻市宁国地区和保护区社区乡镇的联防力度，每年召开联防会议，打击违法狩猎行为。并以案说法，通过分发和张贴典型案例，提高了社区居民的保护意识，有效增强了保护梅花鹿的能力。

全省首家生态警务室

以广泛宣传为重，加深公众保护意识。以"野生动物保护月""生物多样性保护日"等特殊纪念日为契机，积极下乡进村、送教到校进行宣传; 同时，积极组织青少年学生参观清凉峰科技馆，开展面向青少年学生的多种梅花鹿保护体验活动，进一步增强保护区周边社区居民及青少年学生保护野生动物的意识。多年来，保护区共组织科技人员下乡宣教180 余人次、发放华南梅花鹿宣传资料 8 万余册，开展华南梅花鹿科普讲堂 100余次，展示标本 150 余头次，受教育人次达 10 万余人次。《人民日报》等国内各大报刊以及中央电视台的相关栏目对华南梅花鹿的保护和科研工作进行了专题报道，华南梅花鹿保护案例的影响力不断提高。

千顷塘银河星空

编 者 说

习近平总书记指出："生物多样性关系人类福祉，是人类赖以生存和发展的重要基础。"清凉峰国家级自然保护区合理布局物种保护空间体系，重点加强旗舰种华南梅花鹿野外种群保育，并构建全方位、多要素、多部门协同的保护监测体系，持续推进保护区内华南梅花鹿野外种群的壮大，带动保护区生态系统质量和稳定性提升。同时，保护区坚持人与自然和谐共生理念，通过鼓励当地社区居民参与联防共治、深化科普宣传教育等方式，兼顾"兽权"和"人权"，有效解决保护区人兽冲突难题，进一步夯实梅花鹿野外种群保护恢复成果，有效提升公众的生物多样性保护意识。清凉峰国家级自然保护区在加强旗舰种保护恢复和监测、部门联动和全民参与等方面的积极探索，对于浙江省乃至全国自然保护区保护珍稀野生动植物具有重要的借鉴意义。

北仑

打造"山海"生物多样性品牌，绘就工业城市"不一样的风景"

　　生物多样性保护既是可持续发展的基础，也是目标和手段，保护生物多样性也是保护生产力。作为临港工业城市，宁波市北仑区依山面海，南以天台山余脉为绿色生态屏障，东与深蓝大海为邻，中心城区内小山、凤凰山点缀其间，岩河、中河、太河、沙湾河径流入海，整体形成了"城山半落青天外，四水中分汇海流"的独特空间环境格局。优越的自然地理条件孕育出一批以国家一级重点保护野生动物—镇海棘螈和国家一级重点保护植物—中华水韭等为代表的珍稀动植物资源。2021年以来，北仑区持续加大生物多样性资源的保护和可持续利用，积极探索人与自然和谐共生之路，建成全省首个海洋主题省级生物多样性体验地，组织开展生物多样性研学年均人数近3万人次。

国家一级野生保护动物"镇海棘螈"

海洋生物多样性体验地

1. 线路名称：“山海”生物多样性之路。

2. 体验内容：

    体验生物多样性保护之路。2012年以来，北仑区以美丽办为平台，建立以国土资源、农业农村等多部门参与的生物多样性保护联席会议制度，全面加强生态空间监测、管控和保护工作。在全省率先开展陆域及海域生物多样性本底资源普查工作，发现北仑姬蛙等新物种，松雀鹰、鹰鸮、领角鸮、画眉、海岸卫矛、全缘冬青等多种珍稀动植物区级新纪录。构建了以九峰山旅游度假区、瑞岩寺森林公园等为核心的生态绿心，持续推进生态公益林建设，截至2022年，共计保护维护瑞岩寺森林面积5836亩，保持森林覆盖率95%以上。加强镇海棘螈物种保护，在瑞岩寺森林公园内建立自然保护地，增设仿自然繁殖水坑，扩大保护区面积，使之从1996年的200平方米扩大到2022年的12000平方米，并连续8年开展野外种群数量监测、人工扩繁及野外放归，成功繁殖个体1700余尾，野外放归350余尾，实现镇海棘螈野外种群的复壮。游客可通过生态旅游，沉浸式感受生物多样之美。

    体验生物多样性富民之路。依托有着“中国杜鹃花之乡”美誉的柴桥街道，充分整合当地产业资源，因地制宜，积极打造“花木经济”，推进花木产业转型升级，形成“区域化组团”发展。同时，联合花木大户、社会组织和民间团体，形成合力，开展技术培训，进行种质资源创新，在引导花卉产业从粗放型向精品化转型升级的同时，带动特色农业生态旅游等相关产业。游客可通过参观当地杜鹃花等特色花卉产业链，提升对生物多样性和共同富裕关系的认知。

体验生物多样性研学之路。依托中国近代植物学家钟观光先生故居，打造以植物为主题的生物多样性体验地，建设交流和展示植物学知识的崭新平台。同时，依托梅山湾丰富的海洋生态资源禀赋，投资1900万元，在当地建成面积3000平方米的海洋主题生物多样性体验地，设置"家国海洋""科创海洋""生态海洋""人文海洋"四大主题展区，展出红海龟、达氏鲟、贝类等近千件生物标本，开发20余门生物多样性课程，同时应用VR、AR、3D等数字技术，全面打造沉浸式海洋环境体验教学。通过生态研学，进一步提升公众生物多样性保护意识。

3. 体验时间：1天。

4. 体验线路：

九峰山—瑞岩寺森林公园—植物学家钟观光纪念馆—柴桥杜鹃花基地—宁波海洋研究院实践创新基地

"山海"生物多样性之路示范带线路

编 者 说

北仑区"山海"生物多样性体验之路通过生态保护、自然研学等方式，推动当地生物多样性在保护中利用，在利用中保护。一是注重制度创新，夯实生物多样性保护基础。建立跨部门协同联动管理制度，推进全域生物多样性本底调查，加大重点物种保护力度，统筹协调生物多样性保护。二是产业升级，打通特色物种价值转化通道。挖掘"柴桥杜鹃花"产业集群效应，实施"联建共建打造花木产业共同体、优化平台激发花木新活力、以点带面拓展花木共富路径、拓展思路探索农文旅游线路"四步走，实现美丽与发展双赢。三是亲民普惠，共建生物多样性保护业态。强化生物多样性保护与生态文明教育融合，面向全民开展生物多样性保护宣教活动，建设集生态观光、科普教育、课程开发等为一体省级海洋生物多样性体验地，为"山海"生物多样性品牌打造及可持续利用提供重要基础。这些做法为临港工业城市的生物多样性保护与利用提供了宝贵的经验借鉴。

嘉善盛家湾

三水统筹、三生融合，
铺就萤火虫回"嘉"路

　　盛家湾，是国控断面俞汇塘的一条支流，河道长 1.43 公里，呈"h"形分布，沿线都是花卉大棚和农田。曾经，这条河被水葫芦和漂浮垃圾塞得满满当当，河水又黑又臭，是一条村民避之不及的黑臭河道。从 2012 年开始，"五水共治"攻坚战在姚庄镇全面打响，盛家湾也开启了一场生态蝶变之旅。2021 年，盛家湾作为东部区域水生态修复项目试点，通过实施岸线整治、构建水下森林生态修复系统、建设生态湿地还原"水清岸绿"等一系列生态修复措施，实现了区域内水环境、水生态、水资源"三水统筹"，空间内生产环境、生活环境和生态环境协同共生，"三生融合"，生物多样性栖息空间得以优化。十年接力，生

盛家湾河面

态迭代，盛家湾不仅摘掉了"黑臭帽"，还变身为生态美丽河道，迎来了重要水质改善指示性物种——萤火虫的回归，盛夏之夜，阔别已久的萤火虫重新点亮了盛家湾的夜空。

系统修复谋划"一幅蓝图"。盛家湾水生态修复工程，不仅聚焦水里的问题，更着眼于系统性解决岸上的问题。围绕"有河有水、有鱼有草、人水和谐"的目标，在不改变农业种植类型和不影响居民生活习惯的前提下，通过恢复河流生态系统结构、强

盛家湾水生态修复工程视频二维码

化污染物降解能力等方式，实现了对农业生产、农村生活污染物的减量化、资源化和无害化处理，在生产、生活、生态空间之间建立了互利共生、和谐发展的物质能量传播纽带。实施水生态修复工程后，盛家湾地表水水质稳定保持在 III 类水标准，部分指标达到 II 类，萤火虫等指示物种也重新回归流域。流域治理成效辐射影响范围达到 60 万平方米，覆盖农用地 900 亩左右、花卉大棚 249 亩，直接惠及河道周边居民 27 户。区域环境的"三生融合"也进一步优化了生物多样性栖息空间。截至 2022 年，盛家湾区域已累计发现常见鸟类 61 种、鱼类 40 种、原生植物 22 种，是一本"天然的生态环境保护教科书"。

数字赋能构建"一张网络"。建立水生态"星空地"一体化的立体监测体系，实现地理空间数据、高精度无人机遥感数据、水环境水生态修复数据等监测成果的整合集成，构建时空三维动态生态环境监测数据库，建成生态监测数据管理与展示平台，实现"数据管理、评估分析、预测预警、展示服务"等多功能集成，同时开发了 Web 网站、二维码、小程序等多种服务系统，提升生态信息服务水平和公众科普宣教能力。在水下及陆路安装高清视频监控，通过 AI 智能识别，实现了实时动态监测水体透明度、鱼类多样性和鸟类多样性，为分析水生态环境现状、水生生物群落状况以及开展生物多样性保护工作提供数字化支撑。

多元教育创建"一处阵地"。盛家湾已成功创建为浙江省第十二批生态文明教育基地，是浙江省首批培育的生物多样性体验地。依托水生态修复、生物多样性调查监测、萤火虫回"嘉"等项目，建起了具备生物多样性参观游览、互动体验及科研教学等多项功能的综合性生物多样性体验基地，实现生态资源向研学教

生物多样性监测智慧监管平台

育、生态旅游产业的转化。截至 2022 年，基地已接待考察参观团队 40 余批次，并以视频的方式向学生群体进行生物多样性知识科普，观看学生总人数达 6 万余人。同时，嘉善县连续开展了两季"萤火虫回'嘉'"宣传活动，让萤火虫回"嘉"更留"嘉"，通过主题活动海报、宣传片、互动游戏、慢直播等多元化宣传方式，营造了生物多样性保护的良好氛围。

盛家湾河湖生态系统科普教育基地

编 者 说

　　盛家湾水生态修复项目是坚持人与自然和谐共生的具体实践，项目实施全过程贯穿了山水林田湖一体化治理的系统化观念，通过实施岸线整治、缓冲带生态修复、构建水下森林生态修复系统，卓有成效地提升了流域生产生活环境和生态系统的多样性、稳定性、持续性。同时，通过建设生物多样性体验地等研学平台，深入开展生物多样性保护宣传教育，营造了生物多样性保护的良好氛围，引领了尊重自然、顺应自然、保护自然的社会风尚，走出了构建人与自然生命共同体的特色发展之路。盛家湾水生态修复项目在实践中形成的"三水统筹"治水方案、"三生融合"生态保护修复方案，为浙江省乃至全国的河流流域实现人与自然和谐共生的现代化提供了"嘉善样板"。

洞头鹿西岛

深耕海岛鸟类保护，
打造最佳离岛候鸟观测地

南北爿山省级海洋特别保护区位于浙江省沿海中南部，洞头鹿西岛东北部，总面积 8.98 平方公里，由 2 岛 4 礁及邻近海域组成。南北爿山俗称"南北鸟岛"，邻近海域自然条件优越，岛礁风光独特，气候条件适宜，海洋生物资源丰富。由于食物来源充足，每年都有数以万计的海鸟在此安家筑巢，繁衍生息，形成极为罕见的鸟岛奇观。保护区建立前，外来人员随意登岛、偷盗鸟蛋、采集岛礁生物的行为时有发生。同时，当地村民曾在该岛放羊，增殖的羊群不仅破坏了岛上原本茂盛的植被，还破坏了鸟类栖息和繁衍的生境，迫使大量鸟类离岛。为恢复海岛鸟类多样性，保护区管理部门在尽量减少人为干扰的前提下设立了离岸式观鸟

鹿西南北爿山保护区

平台，实施筑巢引鸟工程来招引鸟类，当地居民自发成立护鸟队定期巡岛，有效避免了外来人员对岛上鸟类生存繁衍的干扰，逐步恢复了岛上鸟类种群。

实施专项工程，注重科学保护。总投资 900 万元，建设鸟类观测平台及离岸式观测平台，开展筑巢引鸟工程，包括鸟类栖息地修整，监测设备木屋搭建，制作并安装 300 只黑尾鸥、400 只大凤头燕鸥、50 只黄嘴白鹭仿真鸟模型，利用假鸟模型和鸟叫声回放科技手段实施鸟类招引。综合历年鸟类生物多样性调查数据，截至 2022 年，岛上鸟类现存 79 种，其中包含国家二级重点保护动物黄嘴白鹭、赤嘴鹭鸶等 8 种，被《朝闻天下》栏目称赞为"中国绿色发展的成功典范"。2022 年，央视新闻客户端、浙江卫视《浙江新闻联播》、《浙江日报》新闻客户端等 30 多家媒体先后报道南北爿山"万鸥齐飞"的盛况。

汇聚多支队伍，坚持守岛初心。通过地方主导、社会参与，持续推进生物多样性保护工作，引导当地村民成立鹿西岛护鸟队，连续开展 12 年护鸟行动，并集结吸引了干部群众、大学生志愿者及摄影爱好者等力量，加入保护区管理人员和执法队开展的常态化执法巡查工作中来。南北爿山保护区每年专人专船专程巡查 140 次，有效阻止了捕鸟与破坏栖息地等违法行为，保护了岛上鸟类的栖息繁衍。

"万鸥齐飞"奇景

开展生物调查，摸清全域本底。持续开展监测调查工作，每季度对海岛植物、海岛海湾鸟类、潮间带生物、游泳动物等生物类群进行一次本底调查，记录海洋生物多样性动态演变，编制形成《南北爿山保护区动植物资源》，记录海岛陆生植物 214 种、鸟类 79 种、游泳动物 58 种、潮间带大型底栖动物 61 种，其中国家二级重点保护野生动物 8 种。

编 者 说

保护生物多样性，促进人与自然和谐共生是习近平生态文明思想的重要组成部分，南北爿山岛作为浙江沿海重要的海岛迁徙繁殖地，充分践行了人与自然和谐共生理念，一方面充分顺应和利用自然规律，采用科学的技术手段恢复海岛鸟类种群；另一方面高度重视生物多样性保护宣传，不仅让人与自然和谐共生的观念根植于群众意识中，而且进一步激发群众积极参与到保护生物多样性的行动中。这些做法为浙江省乃至全国各个海岛实现岛内海岛和当地居民的和谐共生提供了良好的示范借鉴。

淳安

千汾线生态旅游带，诗情画意尽现其中

一湖秀水、满目青山，淳安千岛湖作为展示习近平生态文明思想的重要窗口，始终牢记习近平总书记的殷殷嘱托，把生态作为最大的财富、把保护作为最大的责任，以高质量生态文明建设为抓手，高标准保护千岛湖地区生态环境。千岛湖区域生态环境质量在近年来持续保优，出境断面水质稳定在Ⅰ类，森林覆盖率达 78.67%，湖区森林蓄积量位居全国前列，生物多样性资源丰富。淳安县在致力于生态环境保护的同时，还积极探索实现人与自然和谐共生路径，开发出汾口湿地等多个以自然生态优势带动生态旅游的观光游览胜地，并且串珠成带，形成千汾线生态旅游带。

界首亚运场馆

千岛湖自然生态修复成果——汾口湿地

1. **线路名称：** 千汾线生态旅游带。

2. **体验内容：**

  体验绿色亚运及生物多样性主题景观。淳安千岛鲁能胜地作为杭州地区唯一的亚运分会场，紧紧围绕"绿色亚运"主题，积极探索生物多样性保护及可持续利用，建设生态修复展示、自然教育实践基地。打造黑耳鸢原型 IP，开发碳中和咖啡、生物多样性主题水果饮品，将生物多样性的概念融入日常生活，呼吁更多的人参与到生物多样性保护中来，共同担任"生物多样性保护环境大使"，推进生物多样性保护走进千家万户，实现主流化。2021 年，千岛鲁能胜地生物多样性保护和可持续利用入选联合国生物多样性100+ 案例，游客在此可以充分体验到促进生物多样性保护是人与自然和谐相处的基础。

  体验天人合一自然理念。千岛湖自然农法推广和示范中心是民办非企业公益组织，致力于生态文明建设的实践和示范，内容主要包括可持续农耕方式的实践教学，趋零垃圾零污染、人与自然和谐共生的环保生活，并面向社会各界开办生态文明理论与实践公益课程，全年对外开放公益性参观学习体验。成立8年来不断吸引全国甚至全世界各地的有志于生态文明建设的有识之士前来学习和实践。截至2022年，示范中心累计推广生态文明教育5万人次，吸引30余位新农人返乡，来自德国等10多个国家和地区的生态工作者前来学习。通过生态文明建设实践示范，游客和研学者充分体验到天人合一、人与自然和谐共生等理念。

体验生态修复典型案例。浪川乡芹川村在古村落污水治理中，通过科学技术创新，建设新型排水净水系统，将污水资源化，变污水为灌溉水，保护环境的同时促进了古村落农业产业的发展。武强溪入湖口废弃采砂场依托钱塘江源头区域山水林田湖草生态保护修复工程试点项目，对荒芜滩涂、废弃采沙场进行污染治理和生态修复，打造3000亩千岛湖综合保护示范区，吸引130种珍贵水鸟栖息，完成从"废弃采砂场"到"新鸟巢"的美丽蜕变，同时发展了当地生态旅游产业。通过参观生态修复典型案例，游客可深刻体会到生态修复是人与自然和谐共生的必由之路。

在亚运村举办"复原生物多样性"活动

3. 体验时间：1天。

4. 体验线路：

千岛湖鲁能胜地—千岛湖自然农法推广和示范中心—浪川乡芹川古村—汾口湿地公园

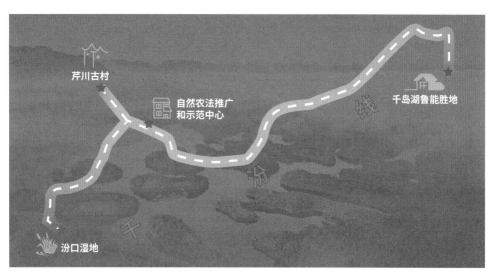

千汾线生态旅游带线路

编 者 说

　　人与自然和谐共生是中国式现代化的本质要求之一，淳安千汾线在人与自然和谐共生方面走出了一条特色之路。一是拓展绿色亚运内涵，以绿色亚运为纽带，深入开展生物多样性保护和可持续利用实践工作，大胆创新生物多样性保护宣传方式，在丰富绿色亚运文化内涵的同时，有效地推进生物多样性主流化。二是发扬自然理念，通过大力建设实践学习基地、开展宣教工作、发展特色教学内容和教学模式，宣扬淳安特色生态文化，使游客在实践学习中深度领会"人与自然和谐共生"理念的核心要义。三是推进生态修复，通过科学技术创新，有效整治古村落、废弃荒地的环境污染问题，修复当地生态环境，恢复当地生物多样性，并带动农业、生态旅游业发展，真正实现生态富民。淳安县打造的集科学研究、生物多样性体验、生态研学于一体的生态文明建设体验带，为各地推进生物多样性主流化提供了有益借鉴。

遂昌九龙山

乘"绿"而上，共建共享绿色美好家园

浙江九龙山国家级自然保护区地处浙、闽、赣三省毗邻地带的遂昌县西南部，因"野人传说"为世人所关注。保护区总面积5525公顷，主峰海拔1724米，为浙江第四高峰，森林覆盖率高达97.45%，其所处的浙闽赣交界山区是我国17个具有全球保护意义的生物多样性关键区域之一。保护区动植物资源丰富，野生植物2326种，野生动物2608种，其中国家二级以上重点保护野生动植物共110种，是黑麂、黄腹角雉、黑熊、南方红豆杉等珍稀濒危野生动植物的栖息地。保护区始终坚持"人与自然和谐共生"的生态文明建设思想，秉持"保护优先、科研为基、生态引领"的理念，保持生态保护、科学研究、科普研学齐头并进的势头，先后获得了全国自然教育学校、浙江省科普教育基地、浙江省名山公园、浙江省观鸟胜地、浙江省生物多样性体验地等称号。

保护与修复齐头并进。 丽水市首次推出生态司法保护机制，与遂昌县人民检察院共同探索生态司法保护示范区建设。构建自然保护区与县自然资源局、林业、司法机关等多部门联合执法的工作机制，形成执法合力。构建跨区域联合保护机制，与江山仙霞岭保护区、龙泉市、福建浦城县合作，齐抓共管，

省内植物专家进行植物资源调查

实现保护范围大覆盖，共同维护生态安全。积极开展生态保护修复科研合作，深化与浙江大学、浙江农林大学、浙江师范大学、浙江自然博物院等高等院校和科研院所的合作研究，提升科研保护能力和监测水平。2020 年，启动保护区区划调整工程，保护区总面积由原来的 5525 公顷增加至 12727.65 公顷，实现保护扩面、生态扩容，完善了森林生态系统结构，优化了黑麂、黄腹角雉、黑熊等生物种群的栖息地环境，进一步提升了生物多样性保护能级。

调查监测成效显著。保护区开展常态化生物多样性调查，2017—2022 年，先后发现无毛忍冬、九龙山黄鹌菜、二型叶小苦荬、九龙山悬钩子 4 个新物种；新增野大豆、福建观音坐莲、四川石杉、长柄双花木 4 种国家二级重点保护野生植物保护区新记录，及舟柄铁线莲、松叶蕨 2 种省级重点保护野生植物保护区新记录；新增红头咬鹃、仙八色鸫、棕噪鹛、短尾鸦雀、阳彩臂金龟 5 种国家二级重点

国家二级重点保护野生动物亚洲黑熊

保护野生动物保护区新记录。2018 年在九龙山保护区内监测到亚洲黑熊的踪迹，这是浙江省第三次，也是浙西南地区近三十年来首次取得亚洲黑熊野外生存的实证，表明亚洲黑熊在浙江省又多了一个野外分布的区域。目前，九龙山区域共监测到 6 只亚洲黑熊个体。

科普研学深度开展。九龙山依托优良的自然生态禀赋，不断挖掘旅游资源，积极探索科普型、研学型、康养型、探秘型森林生态旅游，着力构建高端的科普研学、森林康养、户外生活胜地，成功创建全国自然教育学校、浙江省科普教育基地、浙江省研学实践教育基地、浙江省生物多样性体验地等，有序开展科普教育、自然研学等活动，打响九龙山知名度。成立研学康养共建专班，设立"九龙山下"自然中心，开通"九龙山下"微信公众号，以此为载体开展保护区自然教育。保护区自然教育研学团队拥有自然教育师 6 名、

科普活动进校园

森林康养师 2 名，编写的自然教育课程《探秘九龙山原始森林，领略科学考察的魅力》获得全国自然教育课程设计大赛第二名，《黄沙腰小学校园植物资源的调查与研究》获丽水市自然教育课程案例征集大赛一等奖。融合联动发展，与周边乡镇学校黄沙腰小学、应村小学合作开展科普进校园活动，与丽水启乎研学等社会机构合作举行九龙山科考 mini 夏令营活动，联合龙洋乡、王村口镇等周边社区开展红色研学活动，进一步推动自然教育走进校园。

编 者 说

尊重自然、顺应自然、保护自然，推动绿色发展，促进人与自然和谐共生，是全面建设社会主义现代化国家的内在要求。九龙山自然保护区深入贯彻落实"人与自然和谐共生"的新时代生态文明理念，坚持体制机制创新、科学规范管理、加强智库机构合作、推进部门联动、开展科教宣传、创新科教载体，在推进生态环境改善，丰富生物资源的同时，也使生态文明理念深入人心，实现了人与自然、保护与发展的和谐统一。这种科普研学、社区共建、乡镇村统筹发展的创新路径，为自然保护区进一步深化生态文明建设、宣传生态文明思想提供了有益借鉴。

德清下渚湖
一只朱鹮孕育"美丽环境"

2008 年,为做好朱鹮的南方种群重建工作,德清县下渚湖从陕西引进了 5 对朱鹮,但由于当时下渚湖人类活动过于密集,生态环境质量相对较差,不具备朱鹮正常繁衍生息的需要基本条件。为此,下渚湖通过实施源头截污治理、生态保护修复、生物种群丰富、文化品牌打造、管理机制创新五大行动,以"不破楼兰终不还"的决心,攻克了朱鹮野外生境保护修复的一系列技术难题,有效地推动当地生态环境质量改善,并于 2022 年入选全国首批美丽河湖优秀案例。同时,栖息地生态环境的改善还促进朱鹮野外种群恢复,截至 2022 年孵化季结束,被誉为"东方宝石"的世界珍稀濒危鸟类和国家一级保护动物的朱鹮在下渚湖湿地由原来的 10 只增加到 669 只,德清朱鹮种群一跃成为全国第三大朱鹮种群。

下渚湖湿地

"小鱼治水"守护最美栖息地。开展湿地水域内围网养殖清退、农业养殖清零，推动万亩青虾养殖尾水治理全覆盖，遏制水污染源头。开展湿地水域内围网养殖清退，网箱取缔 16 万平方，回收水域 2427 亩国有水面使用权，湿地红线范围内农业养殖全部清零。打响渔业养殖尾水治理攻坚战，推行"四池三/二坝式"渔业养殖尾水净化模式，实现全街道 1 万亩左右的青虾养殖建设尾水治理全覆盖。开展缓流受污染水体有益微生物接种，投控生态鱼种7000 万尾，构建水下微生态自净循环系统，加速水污染物消纳。

"水下森林"重塑河湖生态链。在水污染源头治理的基础上，充分发挥湖泊湿地类生态系统的碳汇功能，以系列生态修复为手段，创新"水下森林"和"湿地植物群落"模式的生态修复技术，在水体中构建以沉水植物为主，挺水和浮水植物为辅，多种有益微生物为一体的稳定水生态平衡系统，建成"水下森林"约 20 万平方米。

"种群重建"构筑最优繁育网。以打造全球朱鹮种源资源最丰富、种质质量最优良的基地为目标，形成一套成熟领先的朱鹮人工驯养繁殖技术和野外种群重建培育技术体系。朱鹮种群数量从 2008 年的 10 只增长至 2023 年的700 余只，占全球总群数的 10%。牵手杭州西溪等 3 地开启野外放飞和种群繁育工作。第一批放飞的朱鹮野外存活率达 96.97%。德清朱鹮种群繁育案例

朱鹮

成为濒危物种拯救的典范，获 2021 年"美丽浙江生物多样性保护十佳优秀案例"。

"东方宝石"打造最响金名片。着力打造以朱鹮为核心的生物多样性品牌和湿地旅游品牌，注重挖掘和弘扬朱鹮文化，把朱鹮保护工作与生态旅游相结合，将朱鹮岛、珍鹮园纳入下渚湖国家湿地公园旅游景点，目前朱鹮已成为德清县对外宣传推介的金名片和吸引项目投资的资本。人民日报等 3 家主流媒体密集关注德清朱鹮培育保护取得的重大成果。下渚湖湿地公园成为长三角旅游休闲的重要目的地，获评浙江省最值得去的 50 个景区之一。

"生态绿币"组建全民护卫队。在全国率先实施"河湖健康体检"，推进河湖功能永续利用。实施"生态绿币"激励机制，带动全民自觉护河治水。全省首创"护水 e 站"，及时推广"五水共治"经验做法，营造浓厚的全民治水氛围。生态绿币并不只是放在那里的数字，而是被赋予了新的价值，将群众的治水热情转换成可量化的实际收益，让群众共享治水生态红利。

编 者 说

湿地是"地球之肾"，湿地保护事关国家生态安全。德清下渚湖坚持以习近平生态文明思想为引领，以国家重点保护野生动物朱鹮野外种群的重建为核心切入点，以系统化治理、尊重自然规律为准则，通过"小鱼治水"、"水下森林"等五大创新模式，推动"一极（朱鹮）、两域（水域、陆域）、多元（生态环境、生物多样性、生态经济）"共护，通过点上治理，串点成线，最终实现全域美丽蝶变，逐步探索出一条适合湿地生态修复、生物多样性保护有效路径。这种"重点突破，以点带面"的做法，可为湿地生态环境及生物多样性保护修复提供宝贵的借鉴经验。

遂昌湖山乡

站在"智"高点，赋能仙侠湖生态蝶变

　　湖山乡位于遂昌县西北部，拥有温泉、湖泊、森林等丰富的生态和旅游资源，特别是"湖泊＋温泉"的资源组合在长三角地区独树一帜，先后荣获浙江省首届"我心目中最美生态乡镇"、"中国最美村镇"循环发展奖、"中国全面小康（休闲）调研基地"、"中国最美乡镇"、"浙江省森林城镇"等荣誉称号。2021年4月，遂昌县仙侠湖流域生态环境导向的开发项目成功申报生态环境部首批（EOD）模式试点项目，以全面提升水生态环境质量、高质量打造"天工之城"、构建生态环境治理与产业发展的反哺机制等为试点内容，将生态环境治理项目与资源、产业开发项目有机融合，形成投入—产出—再投入的资金流向闭环。同时，湖山乡以创新发展试验区为契机，在探

半山、半山半边城的湖山乡

索生态产品价值实现机制上先行先试，联合县"两山合作社"开发建设生态产品价值实现重大平台，依托得天独厚的自然资源和生态环境，打造数字经济头部企业"分时办公"的创新第二空间。

以治理为基，凸显"治水"生态效益。 实施仙侠湖整治、水库岸线保护及水生态修复工程、污水零直排工程、库区周边造林绿化工程、立体水域智慧化巡检系统等项目，上线美丽河湖面治理"一件事"场景应用，构建"空中、水面、水下"立体式、全视角、无盲区的监管体系。基本解决了仙侠湖流域城镇及农村生活污水处理、水产养殖等方面存在的问题，有效地改善了仙侠湖水库及周边地区的整体生态环境。截至2020年8月，库区累积拆除网箱面积20万平方米、浮动设施9000平方米，整治各类船舶370余艘，实现境内湖美岸清，确保一湖清水送衢州，交接断面水质达标率常年为100%。2016—2021年，实施森林抚育7000余亩，2021—2022年完成"新增百万亩国土绿化行动"3000余亩，建成19.9公里的仙侠湖绿道，完善县域绿道网。

以创新驱动，打造"天工之城"品牌。 锚定数字经济头部企业生态圈，深挖物联网、大数据、数字文创等上下游企业，探索高端生态、高端科技和高端人才高度融合的发展形态，力促生态产品价值探索的整体迭代升级。落地仙侠湖数字绿谷项目，高质量、高标准建设成双创中心、数字生态研究中心、水上运动体验中心和精品酒店群，并完善了配套基础设施。通过与阿里云签署共建未来科创岛的合作协议，与网易、海康威视、中信旅游、阿里巴巴商学院、千寻位置、华友会、北京埃速达、庞巴迪、洲世旅游（以上均为简称）等企业达成战略合作意向，将遂昌"天工之城"打造成为长三角区域重要的分时经济高地、浙西南重要的生产力促进转化中心，初步实现"在最美的地方发展数字经济，以向往的生活集聚有趣的人"。通过打造"天工之城"，引进高端人才或团队，引进100家数字经济龙头企业在遂昌开展分时科研，带动数字经济发展。

以统筹融合，拓宽"绿水青山就是金山银山"转化渠道。 遂昌围绕发

网易联合创新中心

全国数字生态创新大赛

展第二空间的目标，立足"森林＋湖泊＋温泉"的生态资源优势，打造"文旅＋""数字＋""生态＋"全方位深度融合的大产业体系。深入组织实施环湖绿道建设，为承办国际马拉松赛事奠定基础。围绕"未来乡村"建设，开展环境、立面、综合管网、道路等的综合改造，序化景观层次。发展民宿经济和乡村休闲旅游产业，通过实施湖山水上运动基地、环湖绿道、三归湿地公园、精品民宿等项目，为本地村民提供更多就业机会和市场机遇，增加农民收入，实现"富民惠民"。2022 年，湖山乡接待游客 41 万人次、旅游总收入 3000 余万元。

编 者 说

经济发展不应是对资源和生态环境的竭泽而渔，生态环境保护也不应是舍弃经济发展的缘木求鱼，而是要坚持在发展中保护、在保护中发展。遂昌湖山乡始终坚持"把生态底色擦得更亮，把发展底线抬得更高"的原则，围绕仙侠湖流域生态环境保护为导向的开发项目，以水环境质量高位保持为基础，高质量打造"天工之城"。同时，大力发展数字经济产业，积极引进培育农创、文创、科创三大开源经济新业态，形成"湖库水质保持优良、生态环境全面提升、生态经济高效发展、人与自然和谐共处"的持续健康发展态势。这些做法成效充分体现了 EOD 模式在推进地方生态文明建设方面的优越性，为地方统筹实施生态环境治理项目和经济发展项目提供了宝贵的经验模式。

岱山

唤醒沉睡盐田，书写"火箭经验"

过去，在岱山县，废弃盐田由于其建设用地性质，多用于农民拆迁安置，现在，随着全域土地综合整治和生态修复工作逐步深入，废弃盐田成为"山水林田湖草"综合治理的重要元素之一。通过实施土地平整、土壤改良、灌溉与排水、道路修建、农田防护与生态环境保持等举措，火箭盐场这片曾被称为"最难改良的盐碱地"变得生机蓬勃。截至 2021 年 11 月，盐田复垦新增耕地面积约 5250 亩，其中垦造水田面积 2465 亩，旱地面积 2785 亩。在此基础上，探索农旅融合发展，建设现代化农业观光园，将静态的废弃盐田整治转为动态的经济体，激活废弃盐田内部生态生产力，有效实现农业规模化、集约化发展，并带动周边的"失地盐民"和村民在家门口从事第二、第三产业，打造具有海岛特色的共同富裕新样板。

全域要素整合，保障海岛整治之路。按照"全域规划、全域设计、全域整治"的要求，整合力量，集中资金，探索适合海岛地区的整治思路。成立盐田复垦领导小组，设立扶持专项，为项目建设过程中的政策思路决断、项目投资融资等关键环节提供咨询服务，并制定了完善的督考督查机制。重点扶持渔农村社区集体经

岱山盐田

济发展结对帮扶工作，通过市级部门下派指导员，相关单位成立工作组，形成"市级指导、县级领导、村级实施"的三级联动机制。由农业科技示范户或者具有经济实力的农户，通过各种渠道流转农户土地，开展集中连片生产经营。一方面增加农民收入，将大量农村劳动力从土地中解放，从事第二或第三产业；另一方面，大量的土地通过流转集中，实现了土地资源的合理配置，有利于农业实现规模化、集约化的发展目标，进一步提高农业生产效率。

火箭盐场攻坚克难，开展高质量盐田改造。以前，火箭盐场区域常年处于生长碱蓬和荒芜的交错状态，场区内多片区域工程性缺水。火箭盐场于2016年7月开展盐田改造，总投资约10亿元，其中用于农田水利基础工程建设和土壤改良约3亿元。前阶段将工作重点放在土壤脱盐和盐碱地改造上，以浙东海洋岛屿区常见的油—稻耕作标准，对土壤尝试淡水喷淋、化学改造等多种脱盐手段。经过广泛考察、深入探讨，统一开展土壤改良试验，经过多家参试单位的辛勤努力，成果远超预期，主要体现在土壤脱盐速度快，有机质含量显著提升，水稻立苗效果好、长势超预期，经专家组对试种区域种植的水稻进行收割测产验收，全域范围内平均产量大约为470斤／亩，并在后几年逐年攀升。同时实施水利奠基工程，于2017年起通过新挖蓄水湖，至今已挖掘十余条河道，园区内可蓄水容量达到了130万立方米，新增近7万米的排水沟和6万余米的进水渠，并以农业园区规划布局为依托，对项目区内田、水、路、林综合整治，逐渐形成"盐转农"的发展格局。

稻花香满地，打造农旅融合新业态。优化用地空间布局，在充分尊重整治区域内农民、盐民意愿的前提下，在乡级土地利用总体规划的基础上，按照"多规合一"的要求，开展村土地利用规划、村庄规划编制工作，科学划定盐田复垦观光园区、农业生产、村庄建设、产业发展和生态保护功能分区。发展现代农业旅游，依托社区自然资源禀赋和复垦现代农业观光园建设，复兴南浦文化。以山水田园为基底，以军民融合、农旅融合、三生融合为特色，打造集现代海岛农业、休闲田园农旅、航空爱国教育、乡村美好生活为一体的乡村振兴样板村，形成"农业生产示范区—现代农业观光园—海岛农业公园"的三级规划建设目标。

稻田秋收万担粮

编 者 说

　　岱山火箭盐场按照山水林田湖草系统化治理理念，进行全域规划、全域设计、全域整治，建成农田集中连片、建设用地集中集聚、空间形态高效集约的耕地保护生态修复新格局。相比传统的土地整治模式，全域土地综合整治以"全要素"的视角实施：一是按照山水林田湖草生命共同体的理念，对"田、水、路、林、山、村"等进行综合整治；二是按照"多规合一"的思路，统筹优化渔农村生产、产业发展空间布局，整合城镇与乡村、自然与文化、资源与要素资源；三是以生态修复为核心，实现生产集约、生活提质、生态改善和耕地数量、质量、生态"三位一体"保护。岱山这些做法为浙江省乃至全国废弃盐田复垦提供了宝贵的借鉴经验。

洞头

坚持海岛、海湾、海滩生态修复
重塑海上大花园

洞头区海洋生态旅游资源较为丰富，全域拥有302个岛屿，犹如数百颗璀璨明珠镶嵌在东海万顷碧波之中，风光旖旎，山海兼胜，是名副其实的"海上大花园"。近年来，洞头区深入贯彻习近平生态文明思想，推进生态环境保护和高质量经济融合发展，通过实施国家"蓝色海湾"整治行动、全域污水零直排区建设等，推进海岛环境综合治理，海湾生态系统修复，建立健全湾滩管理机制，实现海岛、海湾、海滩景观环境全面提升，治理成效先后被央视《焦点访谈》《新闻联播》专题报道，并亮相新中国成立70周年成果展。

东海贝雕艺术博物馆

1. 线路名称：海上大花园。

2. 体验内容：

体验美丽海湾风景风情。近年来，洞头聚焦生态保护与治理，升级"蓝湾整治"、实施"花园细胞"建设工程、规划未来乡村美景，生态修复东岙沙滩面积 1.84 万平方米，韭菜岙沙滩面积 5.86 万平方米，恢复生态岸线 23.73 公里，常态化举办的"七夕民俗风情节""迎头鬃开捕节""海洋方式节"等特色民俗活动，打造洞头诸湾美丽海湾平台，展示海岛、海湾、海滩生态修复成效。群众可通过生态旅游，体验海上大花园美景及当地特色民俗文化。

体验海岛古渔村活力。实施古渔村保护行动，盘活花岗、东岙等渔村闲置石厝资源，按照"既保留石厝历史原味，又彰显海岛魅力"的原则，在严格保留古村落及石头房风貌基础上，发展主题民宿、风格酒吧、特色餐饮等，以此为载体进一步加深游客对海岛渔村特色生态民俗文化体验。

体验海岛生物多样性。推进霓屿红树林湿地公园保护修复，打造海洋生物多样性保护栖息地，在霓屿正岙村实施滩涂改造修复，打造泥滑体验公园，传承贝雕等生物多样性利

洞头妈祖文化节

用非遗文化，建设东海贝雕艺术博物馆载体，群众可体验到"赶海""踩泥马"、贝雕等海岛独特的生物多样性体验项目。

3. 体验时间：1天。

4. 体验线路：

正岙村—霓屿红树林湿地公园—花岗渔村—东海贝雕艺术博物馆—仙叠岩—半屏生态廊道—半屏韭菜岙沙滩—南塘湾湿地公园—白迭村—望海楼

洞头区重塑海上大花园路线图

编 者 说

　　洞头高度重视生态保护修复，结合海岛特色，深入践行习近平生态文明思想，成功走出一条独具特色的海上大花园重塑之路。一是树立系统观念，通过铺开"花园细胞"工程、扮靓海岸带沿线风光轴、强化海岛渔村发展规划引领，"点线面"多维发力，推动海岛大花园的景观生态化改造提升。二是激活渔村文化，深挖传统生态文化，发扬传统文化主题节日，在最大化保护保留原有内容的基础上，创新地将其与酒吧、民宿、特色餐饮等现代文化传播载体结合，为其注入新活力，助力当地展示特色生态文化。三是保护利用并举，秉承顺应自然、尊重自然的生态文明理念，在科学开展生态系统修复的同时，适度开发特色生物资源，传播生物多样性文化，实现生物多样性保护修复、经济发展、精神文明建设的齐头并进。洞头这种生态资源保护和利用并举、充分贯彻人与自然和谐共生理念的海岛生态修复—保护—开发模式，可为浙江省乃至全国的海岛生态文明建设提供大量的有益借鉴。

德清

名山美湖"点绿成金"示范带

1955 年，毛主席在《七绝·莫干山》的诗句中曾写道："翻身复进七人房，回首峰峦入莽苍。四十八盘才走过，风驰又已到钱塘。"德清县生态环境优越，西部群山连绵、林木葱郁，中部碧波万顷、野禽翩飞，东部小桥流水、水乡风韵，串联出了一幅名山、湿地、古镇相融合的山青水清人亲的美丽江南画卷。德清县以莫干山、下渚湖为核心，联动其周边的特色景区、洋家乐民宿、高端度假酒店、国家文明村五四村、二都小镇等，辐射带动美丽河湖、林下经济、生态旅游等多元业态融合发展，形成一条名山美湖"点绿成金"示范带。

莫干山

1. 路线名称：赏名山风情魅力，邂逅醉美下渚湖。

2. 体验内容：

　　体验莫干名山风情魅力。莫干山山峦起伏，风景秀丽多姿，有着"江南第一山"的美誉，并以竹、云、泉"三胜"和清、静、凉、绿"四优"的独有特色而驰名中外，游客可置身自然界的怀抱，尽享清新、纯净的山林之旅。同时，山上250多栋百年别墅更是给莫干山带来一种神秘感，尤其是毛主席下榻处、蒋介石官邸、白云山馆这三处见证了中国现代史上几个重要时刻的别墅，是游览莫干山不可错过的三处景点。

　　体验水天一线游下渚。德清县下渚湖街道以打造全域旅游为目标，以"微整改，精提升"为抓手，因地制宜开展"水下森林"景观打造、"四池二坝"污水治理等工作，湿地景观体系、生态系统、生物多样性保育能力和抗洪排水能力明显优化，湿地"绿肾"效应有效发挥。下渚湖国家湿地公园作为江南最大的天然湿地，600余个墩岛散布湖面，1000余条港汊纵横交错，800多种动植物在此繁衍生息，其中包

莫干山百年别墅群

下渚湖"水下森林"

括被誉为植物中"大熊猫"的野生大豆和鸟类中"大熊猫"的朱鹮，游客可以在下渚湖近距离感受人与自然和谐共生之美。

3. 体验时间：1天。

4. 体验线路：

莫干山—庾村—下渚湖国家湿地公园—治水研学体验馆

"赏名山风情魅力，邂逅醉美下渚湖"示范带线路

编 者 说

德清县依托地方自然和人文景观，探索出具有地方特色风情的生态文明实践体验线路。一是生态景观和人文景观深度融合，通过在优美的自然旅游线中穿插多个人文历史景点，游客在翻山越岭、参观历史旧址的路途中，体会自然生态之美，感悟当今美好生活的来之不易，培养参与生态文明建设的使命感。二是湿地生态综合治理，以生态文明思想中的系统观念为引领，因地制宜，在下渚湖湿地逐步开展水环境治理、植被生境营造、生物多样性恢复，打造基于自然理念的全步骤、全过程湿地生态修复保护体验线路，使人与自然和谐共生理念深入游客心中。德清县这种"以游促学、融学于践"的生态文明建设创新模式，为生态文明示范带建设提供了"德清样板"。

梦里水乡
人与自然和谐共生之旅示范带

　　嘉善县是一座依水而居、依水而生的城市，区域内河网纵横、湖荡棋布，河湖总面积68.54平方公里，水面率13.5%。近年来，嘉善县深入贯彻"生态优先、绿色发展"战略，坚持全域规划，整合优质资源，促进业态融合，通过"水美乡村＋乡村振兴"，不断夯实生态优势，营造水美宜居环境，弘扬善水文化，塑造"江南韵、小镇味、现代风"的新江南水乡风貌。统筹开展"水环境、水生态、水资源"协同治理，打响"梦中江南水乡"文旅品牌，统筹推进7条田园水乡风景线建设，将全县50个美丽乡村有机串联，集成打造县域"大环线"、镇域"小循环"，以华丽蝶变姿态再造江南水乡新明珠。2022年，全县118个村年均总收入从662万元提升至952万元，村均经常性收入达450万元，全年农家乐休闲农业接待游客数737万人次，营业收入9.60亿元。

春韵古镇

1. 路线名称：梦里水乡人与自然和谐共生之旅。

2. 体验内容：

体验江南水乡生态绿色底色。 嘉善属典型的江南水乡，区域内自然资源丰富、湖泊星罗棋布、河港纵横交错。近年来，嘉善县在全面推进治水、治污、改善水生态的基础上，积极探索推进平原河网水生态修复的新路径新模式，积极打造"一张生态水网、十个示范片区、百里生态廊道、千亩水下森林"的碧水蓝图。西塘古镇景区、十里水乡景区通过实施一系列水生态修复工程，保留了最原始的自然风貌，游客可在此体验以水为脉、林田共生、城绿相依、人与自然和谐共生的生态画卷。

体验魅力生态农文旅。 该路线将嘉善西塘"梦里水乡"风景线与大云甜蜜花海风景线有机串联，沿线可体验农耕文化、传统农业、现代休闲农业、休闲养生、祥符荡湿地等主题体验区，感受醇厚的"江南韵、吴越风、水乡情"，体验湖泊湿地、田园风光、古镇村落、未来聚落等相映生辉的美丽风貌。也可聆听"善文化"故事，感受"地嘉人善、嘉言善行、善气迎人"的地方人文精神和县域文化。

3. 体验时间：1～2天。

醉美祥符荡

4. 体验线路:

祥符荡—西塘古镇—魏塘街道长秀村—罗星街道鑫锋村—大云十里水乡—碧云花海

梦里水乡人与自然和谐共生之旅示范带线路

编 者 说

嘉善县坚持系统观念,顺应自然规律,科学规划布局,通过打造平原河网水生态修复全生命周期治水模式,系统化推进全域"水田湖"一体化生态修复,实现河畅、水清、岸绿、景美,描绘出一幅人与自然和谐共生的江南水乡画卷。同时,大力推进"水生态+文旅"深度融合,打造原生态的自然景点和美丽乡村节点,做优"水景观、水生态、水文化",开发滨水休闲旅游产品,不仅促进了当地文旅产业的发展,而且使其反哺水生态治理,形成了生态治理—经济发展的良性循环,为其他江南水乡的生态治理提供了宝贵经验。

第六篇
开拓生态文明建设新路径，绘就全域共富大美新画卷

生态文明建设是"国之大者"。

生态文明建设是中国特色社会主义事业总体布局的重要组成部分，是关系中华民族永续发展的根本大计，是关系党的使命宗旨的重大政治问题。

要以对人民群众、对子孙后代高度负责的态度和责任，加大力度，攻坚克难，全面推进，努力开创美丽中国建设新局面。

——《习近平生态文明思想学习纲要》

临安

打造生态富民新高地

2004年1月，时任浙江省委书记习近平考察杭州市临安区时，高度肯定临安的生态建设，指出"临安的实践告诉我们，环境也是生产力"。按照这一指示，临安积极探索绿色发展道路，先后获得首批国家生态文明建设示范区等60多项国家级、省级生态环保荣誉。在"八八战略"指导下，临安坚定推动习近平生态文明思想在临安落地生根，守好浙西生态屏障的绿水青山，拓宽"绿水青山"向"金山银山"转化的通道，以生态文明建设促进社会经济发展，不断探索，形成了"点绿成金，村落变景区，美丽生态推共富""以绿生金，保护＋利用，生态资源带共富"和"降碳增金，锚定高质量，减污扩绿促共富"三大绿色富民发展模式，实现了"青山富民，绿水开源"的大丰收。

湍口镇八都街

　　点绿成金，村落变景区，美丽生态推共富。以白沙村、指南村、月亮桥村等为代表，因地制宜落实 1.0 版"千村示范，万村整治"项目，高质量完成"千村精品，万村美丽"2.0 版美丽乡村建设，创新开展 3.0 版"千村未来，万村共富"临安实践，提升美丽环境的生态价值。系统推进生态环境治理，强化农村污水治理和垃圾分类，实现从"点上美"到"全域美"，打造美丽生态示范样板。加强基层生态机制建设，首创"村落景区"，打响"天目村落"品牌，高标准制定《村落景区临安标准》。以市场化手段优化生态资源的开发，开展运营的村落景区 19 家，带动形成 35 个生态景区景点，173 个 A 级景区村庄，200 家精品民宿，截至 2022 年，累计实现旅游收入 7.1 亿元，实现了"全域景区化"，让风景变为"钱景"。生态型村落景区建设成为富有临安辨识度的生态价值创新转化模式，获时任省长袁家军批示肯定，做法被写进省政府工作报告。

　　以绿生金，保护＋利用，生态资源带共富。临安拥有天目山国家级自然保护区等 6 个省级以上自然保护地，境内孕育着 172 种国家重点保护野生动植物，是我国生物多样性最丰富的区域之一。临安依托丰富的自然资源，积极探索以生物多样性保护为核心的共富新路，充分发挥自然保护区"生态核"的辐射效应，通

临安青山湖

过促进社区就业，推动生态旅游的适度开发。推进天目山、清凉峰名山公园"带富"行动，引进以绿色、运动休闲为重点的优质旅游产业项目。打造研学品牌及线路，以研学增加了游客量。充分运用竹盐制作和千洪桃花纸等生物多样性相关传统知识促进一方百姓致富。

降碳增金，锚定高质量，减污扩绿促共富。培育低碳产业发展示范项目，以青山湖科技城为重点，建设零碳建筑、天然气分布式能源＋多能互补能源系统等一系列节能降碳工程，助推新能源新材料产业快速发展。加快发展低碳农业，规范天目水果笋种植，每亩减少化肥施用量15% ~ 44.5%，实现增产20%。开展天目水果笋生产碳足迹全链条管理与分析，成功发布全国首张农产品数字化碳标签，产品生态价值得到提升，太湖源镇的雷笋年交易额从5亿元跃升至8亿元，稳定提升了笋农的收益。培育东坑村"茶叶绿色经营示范区"，推广使用绿色经营方式，实现化肥、农药使用量减少30%，增加茶叶产值160余万元。推动碳汇经济价值转化，先后建立了中国绿色碳汇基金会临安碳汇专项基金，成功发布了全国首个农户森林经营碳汇交易体系，预计将为林农带来碳汇收益约3300万元。

首张农产品数字化碳标签在临安区发布

编 者 说

　　"绿水青山"既是自然财富、生态财富，又是社会财富、经济财富。要把"绿水青山"建得更美，把"金山银山"做得更大，切实做到生态效益、经济效益、社会效益同步提升，实现百姓富、生态美的有机统一。多年来，临安区始终牢记习近平总书记的嘱托，秉持"绿水青山就是金山银山"的理念，坚定不移走好生态文明之路，立足区域实际，通过创新"天目村落"生态价值创新转化模式，培育低碳产业发展示范项目等举措，积极探索符合临安特色的绿色发展之路，形成了"生态良好、生产发展、生活富裕"的文明发展新格局。临安"靠山养山，靠水护水"，在绿色背景中植入新业态、培育新产业，激发绿色发展新动能，把生态优势转化为发展优势，使绿水青山产生巨大效益，为浙江省乃至全国生态文明建设打造了山区生态共富样板。

淳安
持续深化"四保"，守护千岛湖饮水安全

淳安县位于浙江省西部，素以"锦山秀水""文献名邦"著称，境内有长三角地区重要战略水源地千岛湖，是浙江省乃至华东地区的重要生态屏障，拥有一流的生态环境资源，生态环境状况指数居全省重要生态功能区首位。习近平总书记曾对千岛湖作出重要批示：千岛湖是我国极为难得的优质水资源，加强千岛湖水资源保护意义重大。多年来，淳安始终牢记习近平总书记的殷殷嘱托，深入贯彻落实习近平生态文明思想，积极践行"绿水青山就是金山银山"理念，坚持"不搞大开发、共抓大保护"，切实提高政治站位，坚决扛起责任担当，扎实推进千岛湖生态保护，全县生态环境状况持续为"优"，出境断面水质持续保持Ⅰ类，千岛湖被列入首批五个"中国好水"水源地之一。

千岛湖

坚持区域联保。淳安县在做好县域生态保护工作的同时，聚焦"共保、共治、共享"，着力推进全流域共保联治，与上游歙县构建起防范有力、指挥有序、快速高效和统一协调的应急处置体系。积极探索跨区域生态保护的人、财、物合作共保模式，与歙县多个部门互派骨干力量分批次开展挂职交流，成立新安江流域生态环境保护党建联盟，签署区域协同高水平保护高质量发展合作协议等，推动区域协同发展。2022 年，淳歙两地妇联在新安江开展的增殖放流和共植"红旗林"活动被《新闻联播》报道。通过党建引领，强化上下游生态环境共同体意识，深化上下游保护者和受益者之间的良性互动，共绘"共饮一江水、共植一片绿、共护母亲河"新画卷，努力保障千岛湖水质稳定向好。

浙江淳安县、安徽歙县开启两省跨流域"党建＋环保"合作新模式

坚持系统共保。淳安县 2019—2023 年共投入环保资金 54.9 亿元，扎实推进山水林田湖草生态保护修复试点工程，按照"源头削减、过程拦截、净化功能提升"的面源污染管控原则，加快实施山体、湖岸、湿地、流域、河流入湖口等生态修复工程。科学有效推进农业、林业、工业、生活四个污染防治方案实施，以五年总体框架为引领，加快完善环保设施建设，有序推进生态浮岛、中水回用、净水农业、108 米高程以下土地的退耕休耕等工作，在全市率先实现"污水零直排"集镇全域化目标，荣获全国生态保护领域公益性最高奖——中华环境奖。

　　坚持数字智保。与国内水环境科研机构合作，引进多位环保专家加入千岛湖智库，开展重大课题研究。与中国科学院南京地理与湖泊研究所共同筹建，挂牌成立千岛湖生态系统研究站，打造高位平台。投用全国首个湖泊类水质水华预测预警系统，建成浙皖交界断面国家级水质自动监测站、空气环境质量自动监测站、杭州首个县级藻类监测实验室等设施，启动建设鸠坑口超级自动站，智慧环保总体处于国内同类湖泊领先水平。以数字化改革为契机，开发上线"秀水卫士"应用场景，对标建设国内"数字第一湖"目标，不断对"秀水卫士"应用场景迭代升级，形成态势感知、综合分析、污染源管理、赋码处置、预测预警、亚运保障六大场景。"秀水卫士"启用以来，通过全面感知、全程闭环和全维督评，实现全域护水综合智治，千岛湖出境断面水质Ⅰ类天数达 317 天，同比增长 7.5%。

秀水卫士驾驶舱

　　坚持法治严保。全面落实生态保护"党政同责、一岗双责"，创设全国首个新（转）任县管领导干部"绿色谈话"制度，率先设置乡镇生态办，在全县设立 28 个环境监管网格，建立县、部门、乡镇和村、企业四级责任体系。在全省率先推行林长制，全县有 1475 名林长与 527 名河湖长、167 家企业"环保医生"，构成全域覆盖的保护网络。出台沿湖沿线规划控制、临湖地带建设项目联合审查监管以及自然资源责任审计、党员干部损害生态环境责任追究等制度。严格落实淳安特别生态功能区条例，建立"一巡多功能"联合巡查监管机制，强化沿湖沿线动态监管。发挥环境资源法庭和生态检察官办公室先发优势，与周边地区建立生态环保类案件跨区域一体化监督协作机制，建立生态环境资源案件联办机制，成立"千岛湖保护公益诉讼联盟"，构建"行政执法＋刑事司法＋生态修复"三位一体办案模式，严厉打击破坏环境的违法行为。创新"一支队伍管千岛湖"行政执法改革，变"九龙治水"为"一队治湖"，整体重塑水上智治体系。

编 者 说

　　淳安始终践行习近平生态文明思想，以生态惠民观作为执政理念，像保护眼睛一样保护千岛湖。从区域联保、系统共保、数字智保、法治严保四方面保护主线出发，辐射出千岛湖生态环境保护网络图，并努力探索水库型水源地安全保障模式，时刻守护着千岛湖饮用水水源地水质安全，确保饮用水水质持续优良，保障百姓喝上"放心水"。淳安以体制创新、制度供给、模式探索为动力，以高水平保护、高质量发展、高品质生活为路径，巩固提升千岛湖临湖地带综合整治成果，走出一条护水与兴水并举共赢之路，为浙江省其他地区提供了生态文明建设样板。

北仑
高质量推动港产城人融合发展

    宁波市北仑区作为宁波舟山港核心所在地，是浙江自贸试验区宁波片区的核心区，是对外开放的主战场、产业集聚的主平台、创新发展的主阵地。在经济快速发展的同时，北仑曾一度伴随高能耗、高排放，资源、环境压力大、任务重等问题。对此，北仑坚定不移地举生态旗、走生态路、打生态牌，全力打造宜居宜业宜游的城市生态环境，让生态优势成为城市发展的内在竞争力，让"绿水青山"成为世界一流强港的"金名片"。2020年3月，习近平总书记亲临北仑，视察了宁波舟山港、北仑大碶高端汽配模具园区，为北仑新时代高质量发展定向导航、注力赋能。当前，北仑已先后成功创建国家生态工业示范园区、国家生态文明建设示范区、"绿水青山就是金山银山"

舟山港夜景

实践创新基地、全省首批全域"无废城市",入选全省首批生态文明建设实践体验地,连续五年获得"美丽浙江"考核优秀,连续成功夺取全市首座省五水共治大禹鼎"金鼎",基本形成了"既要经济强,也要生态美"的良好发展格局。

坚持港城融合城市发展模式,"一个港湾"托起一座新城。 依托港口优势和辐射效应,积极发展金融、航空、新材料、先进制造业、装备业等高端产业,做强"港口经济圈",推动港口资源、功能与城市对接、置换、融合。注重生态环境保护,协同推进港口节能减排、运输结构调整等举措,全力打造"环境优美,高效节能,清洁生产,达标排放,综合利用"的绿色港口。在港口辐射带动下,北仑以占宁波市1/16的人口和面积,创造了近1/7的地区生产总值、1/5的财政总收入,创造了大量"金山银山"。为加大反哺力度,北仑累计投资21亿元,将梅山湾建成长三角区域唯一的近海"蓝色海湾",年均接待游客110万人次,生态旅游收入超亿元。

坚持"精特亮"全域提升模式,"一条精品线"点亮城乡幸福路。 结合区域红色底蕴深厚、山海港城等特色优势,深挖区域资源,以系统造景的理念,通过生态环境整治、资源整合、项目建设、产业转型等方式,相继打造11条"特色精品线",创建11个特色街区,培育61个亮点工程,有效实现空间上连接区域、功能上串联城乡、业态上促进增收,城市有机更新步伐持续加快。当下"精特亮"工程建设已经成为强村富民动力源之一。2022年,全区实现村级集体经济总收入8.79亿元,同比增长15.96%。总收入100万元以上的行政村占95.45%,全区城乡一体化水平位居全省前列,人民群众的获得感、幸福感大幅提升。

坚持低碳循环工业治理模式,"一条产业链"引领绿色转型。 全域开展"腾笼换鸟",盘活大量闲置低效资产,打造"顶配版"产业发展平台,推进有限的资源要素向优质高效领域和环节转移,推动产业由"低小散"向"高精尖"迈进。积极构建以"企业小循环""产业中循环""区域大循环"三重循环为核心的循环经济体系,推进企业间废物交换利用、能量梯级利用、废水循环利用,降低企业能耗、水耗指标,2022年,全区单位地区生产总值能耗下降2.68%。

坚持产业融入生态修复模式,"一座矿山"打造国际金名片。 "做活"

土地文章，以废弃矿地整理出的土地资源为杠杆，撬动生态环境修复，并在持续改善生态环境质量的基础上，融入生态产业化思维，将静态的废弃矿山治理变成动态的经济体，激活废弃矿山内部生态生产力。例如，北仑通过利用海陆村爬山岗废弃矿山的独特地势，因地制宜打造成全球唯一的高山台地国际赛车场，每年举办国际国内大型赛事，直接催生当地酒店、住宿相关行业蓬勃发展，产生了良好的社会效益和经济效益。

坚持"绿满港城"公众参与模式，"一个体系"唤醒全民生态自觉。率先实施"区域环评＋环境标准"改革，首创"准入政策简化优化、产污工段集约集成、治污工程共建共享、环保监管统合统一、产业链条融化融合"的环保"绿岛"治理模式，全面降低中小微企业的治污成本，提高企业积极性，此案例入选生态环境部高质量发展典型案例和浙江省自贸区创新优秀案例。投用全省首个生态文明教育馆，成立全国首个区县级"两山"环保基金会，引导开放一批向公众开放单位，成功打造以"1+X"为核心的"绿满港城"行动品牌。2020年，"绿满港城"行动入选"美丽中国，我是行动者"十佳公众参与案例，全省生态环境公众满意度从79名提升至40名。

北仑区乡村田野

编 者 说

　　生态文明建设是关乎中华民族永续发展的根本大计，保护生态环境就是保护生产力，改善生态环境就是发展生产力，绝不能以牺牲环境为代价换取一时的经济增长。北仑作为工业型城市，正确处理好"绿水青山"与"金山银山"的辩证关系，一手做减法，破除旧动能，一手做加法，发展绿色产业，在加强"治山理水"的基础上，以资金反哺生态环境、投资生态环境，维持生态环境与经济"循环圈"的高度平衡，历经污染低效、治理增效、绿色转型、生态赋能融合、生态经济并重的发展过程，走出一条"港产城人融合发展，生态经济双向增益"的临港工业城市绿色发展之路，实现了临港工业和生态文明并蒂花开。北仑的生态文明建设路径，有效证明经济发展和生态环境保护可以高度协调，绿色增长、绿色财富、绿色福祉可以有机统一，为其他临港经济发达地区、工业城市生态文明建设提供了"北仑样板"。

洞头

深耕海洋价值转化，开辟蓝色富民新路

　　温州市洞头区地处东南沿海瓯江口外，拥有 302 个岛屿和 351 公里海岸线，是全国 14 个海岛县之一。2003 年 5 月，时任浙江省委书记习近平同志调研考察洞头，殷切嘱托要"真正把洞头建设成为名副其实的海上花园"。二十年来，洞头始终沿着总书记的指引，奋力建设"海上花园"，形成美丽生态与美丽经济互促共进的绿色发展格局，走出一条"碧海蓝天也是金山银山"的绿色发展之路，先后荣获"绿水青山就是金山银山"实践创新基地、全国首批美丽海湾优秀案例等 10 余张"国字号"生态"金名片"。

南塘公园

　　筑牢生态基底，建设海上精致大花园。洞头坚持规划优先，以建设"海上花园"为目标，有序推进国际生态旅游岛编制规划，系统谋划海域海岛高质量发展。坚持保护优先，树立"坚持有所为有所不为，守护好这一方山水也是政绩"的理念，制定海岛生态保护三年行动计划。坚持生态修复，通过

蓝色海湾整治、山水林田湖草生态保护修复试点，打造"破堤通海、十里湿地、沙滩修复、廊道建设、生态海堤、渔港疏浚、海洋牧场"等标志性工程，实现"水清滩净、鱼鸥翔集、人海和谐"的美丽景象。

强化陆海共治，打造无废海岛新样板。注重陆海统筹、协调联动，打好治水、治气、治海、治废等"四治"攻坚战。先后投资 8.6 亿元，启动全域污水管网及配套设施工程，新建城北、布袋岙 2 座污水处理厂，创成全市首批全域污水零直排区，南塘湾公园创成美丽河湖试点。淘汰全区所有燃煤锅炉，全面退出鱼粉加工业，入选全省首批空气清新示范区。推动近岸 6000 多口传统网箱全部"退养还海"，建立全区 68 个湾滩"分类、分时、分段、分责"巡查保洁机制。打造"无废渔港"，建设 5 个渔港废油回收点，为全区 500 余艘海洋渔船、20 个三级以下渔港提供免费船舶废油回收服务。建立"零次跑＋危废环保管家"模式，破解小微企业危险废物高成本处置难题，最高节省成本 90%，实现小微企业签约率、危险废物转运率两个 100%。

助推两山转化，绘就绿色发展新图景。东岙村通过沙滩修复，发展沙滩经济，户均年收入达 20 万元，村集体年收入从 3 万元提升到 120 万元，实现强村富民增收。盘活闲置石厝，激活民宿新业态，将古村落盘活为民宿集聚

东沙花园渔港

地，形成白迭、花岗等13个精品民宿村，发展民宿498家、5306张床位，接待游客695万人次，过夜游客占比达41%。实施十大"花园细胞"工程，建成10条美丽乡村风景线、70个花园村庄，精致扮靓全域大花园，涌现出七彩洞头村、中屿等一批网红打卡点、网红民宿、网红渔村等，2022年洞头区城乡收入比缩小至1.58：1，均衡度排名全省前列。

韭菜岙沙滩修复

编 者 说

习近平总书记在全国生态环境保护大会上强调，要站在人与自然和谐共生的高度谋划发展，通过高水平生态环境保护，不断塑造发展的新动能、新优势。洞头区始终坚持严格保护良好的生态本底，以保护海洋为核心，通过"蓝色海湾"整治、山水林田湖草保护修复等试点项目建设，深入打好污染防治攻坚战，以良好的生态赋能高质量发展，实现了"黄沙"变"黄金"、"石屋"变"银屋"、"渔村"变"花园"，形成了"生态环境优美、产业绿色发展、创新活力迸发、人民生活幸福"的海岛样板，可为浙江省乃至全国生态文明建设提供参考借鉴。

洞头打造"两山"转化海岛样板

德清

聚力擘画生态"含绿"发展"含金"共富大美新图景

德清县作为"绿水青山就是金山银山"深入践行地，坚持以习近平生态文明思想为指引，围绕加快推进生态资源价值转化，走出了一条生态"含绿"、发展"含金"的县域可持续发展之路，奋力在"绿水青山就是金山银山"实践中当先锋、探路子、做示范，先后获得了国家生态县、国家生态文明建设示范县、践行联合国2030年可持续发展议程样本等荣誉称号，在全省"五水共治"中八夺"大禹鼎"、蝉联金鼎，走出了一条具有德清特色的"绿水青山就是金山银山"转化之路。

名山聚"气"，莫干山谷奏响百业争艳协奏曲。2007年，第一家"洋家乐"在德清莫干山诞生，十余年间，德清培育出以"洋家乐"为代表的国际化高端生

乡村度假在德清

态休闲度假新业态，推动民宿发展从走出德清到引领世界。借助好风景带动新经济优势，打造"体育＋旅游"产业，成为"国际知名运动休闲胜地"和"长三角高端运动圣地"。在莫干山度假区核心区块建设莫干"论剑谷"，推动科创资源植入美丽山谷，打造思想与智慧的高峰、科技与人才的高地。

湿地育"灵"，生物多样谱写碳汇富民新篇章。下渚湖以"生物多样性保护"倒逼经济社会转型发展，以"水下森林""小鱼治水"等创新模式推进湿地生态修复和降碳增汇，800多种珍稀动植物在此繁衍生息。"东方宝石"朱鹮成功野化放归，由原来的10只增加到669只，成为全国最大的人工繁育种源基地。依托良好湿地资源，建立湿地碳汇绿色生态联盟运行机制，孵化培育生态稻、"水精灵"等特色农产品品牌，逐步探索出一条湿地生态修复、生物多样性保护和湿地经济富民的"两山"转化路径。

下渚湖白鹭翩跹

水乡添"韵"，幸福河湖绘就人水和谐新图景。深入推进"五水共治"工作，2014年启动温室龟鳖整治行动，实现温室龟鳖清零，2017年开展全域水产养殖尾水治理工作，成功实现由1.0版的传统鱼塘、2.0版的标准鱼塘向3.0版的生态美丽鱼塘的跨越。"清水入城"工程扮靓地信产业，惊艳的凤栖湖成为德清水利现代化的标志之一。洛舍镇依托水环境整治提升乡村环境，全面打造品质钢琴小镇。禹越镇万鸟园依托十字港水系综合整治项目，打造产村融合发展的田园综合体，村集体每年增收近百万元。新市古镇强化大运河沿线水环境治理，主动融入诗路文化带建设，以涉水产业转型升级打造"产城人水和谐"的江南水乡。

编 者 说

　　"绿水青山就是金山银山"理念是习近平生态文明思想的核心要义、标志性观点和代表性论断，深刻诠释了保护生态环境就是保护生产力、改善生态环境就是发展生产力的道理。德清县通过莫干山、朱鹮、治水金鼎等金名片，打造一批名山聚"气"、湿地育"灵"、水乡添"韵"的生态文明建设生动案例，不断累积具有德清特色的优环境、惠民生的生态文明思想实践先进经验，以生态的"含绿量"增强发展的"含金量"。德清县经过数十年的坚持和探索，"小城市"走向了"大舞台"，"小空间"实现了"大发展"，"小地方"做出了"大民生"，有力推动了习近平生态文明思想的落地生根、开花结果，为浙江省乃至全国其他地区将生态资源转化为绿色经济优势、打造绿色低碳发展模式、加快推动构建人与自然和谐共生的现代化提供了借鉴。

安吉

在绿水青山中奏响共富新乐章

安吉全景图

2005 年 8 月 15 日，时任浙江省委书记习近平到安吉县余村考察，首次提出了"绿水青山就是金山银山"的科学论断，为安吉县生态文明建设指明了方向。多年来，安吉始终牢记总书记嘱托，忠实践行"绿水青山就是金山银山"理念，一任接着一任干，一张蓝图绘到底，以打造"中国美丽乡村"为抓手，以建设生态文明为前提，着力构建绿色发展的管护、转化、共享"三大机制"，全面推进美丽环境、美丽经济、美好生活"三美融合"，持续护美"绿水青山"，不断做大"金山银山"，实现了人居环境明显改善、经济社会同步协调、城市乡村和谐相融。

坚定不移守护美丽环境。安吉县深入实施主体功能区战略，创新开展生态保护红线勘界定标与智能化监管，探索实施以天际线、山脊线、水岸线为边，人口密度、开发强度、建筑高度为界的全域美丽空间管控机制，确保生态保护红

国家首个生态村——高家堂村

线、永久基本农田、城镇开发边界三条控制线划得了、守得住、用得好。持续深化"千村示范、万村整治"工程，统筹推进区域环境综合治理，大力开展污水零直排、垃圾不落地、厕所创星级和农房风貌管控，一体推进美丽县城、美丽城镇、美丽乡村、美丽园区"四美"共建，加快建设中国最美县域。聚焦碳达峰、碳中和，积极探索绿色GDP评价体系，对乡镇实行差异化考核，党政领导干部自然资源资产离任审计覆盖面达80%。

持之以恒发展美丽经济。安吉坚持生态优先、绿色发展，着力强化绿色低碳循环发展导向，大力实施亩均效益综合评价，加快"腾笼换鸟、凤凰涅槃"，打好高质量发展组合拳。依托良好生态环境，着力强化项目、科技、人才支撑，建成云上草原、长龙山抽水蓄能电站等一批生态型项目。以数字化改革为牵引，着力推动产业提质增效，竹产业实现全竹利用，椅业产量占国内市场的1/3、全国出口量的一半，安吉白茶品牌价值超过45亿元。积极探索生态产品价值实现机制，率先开展"两山合作社"建设，大力发展全域旅游，让竹海茶园变景区。

久久为功创造美好生活。安吉大力推进生态文化建设，在县一级设立全国首个生态日，每月固定开展生态文明集中推进日活动，创新实施生态主题党日，生态文明成为全县上下的共同价值追求。积极构建党建统领"四治"融合的城乡治理体系，以村规民约、家规家训修订为切入点，护生态、治陋习、树新风，探索形成了新时代乡村治理"余村经验"。总结推广农民利益联结机制，创新村企合作、多村联创等乡村经营模式，村民们拿租金、赚薪金、分股金，日子过得红红火火。"城里乡下一样美、居民农民一起富"的美好图景日益呈现。

生态旅游蓬勃发展

编 者 说

　　"绿水青山就是金山银山"理念发端于安吉的"绿水青山"间，又指导安吉生成了源源不断的"金山银山"。多年来，安吉县在习近平生态文明思想的指导下，坚持以人为本，把改善人居环境、推进民生事业作为政府工作的出发点和落脚点，发挥地方特色，坚定不移守护美丽环境、持之以恒发展美丽经济。安吉作为一个典型的山区县，从曾经的采矿加工到如今依山傍水的绿色经济，从过去的靠山吃山到现在的养山富山，成功实现"绿水青山就是金山银山"的转化，初步探索出了一条生态美、产业兴、百姓富的可持续发展路子，让群众有了更多的获得感、幸福感，形成了主题鲜明、亮点纷呈的"安吉实践""安吉经验"，为浙江省乃至全国生态文明建设提供了良好借鉴与参考。

嘉善

筑牢绿基底，奋进"双示范"

嘉善县全景图

嘉善县建于明朝宣德五年（1430年），境内一马平川，属于典型的江南水乡，因"民风淳朴、地嘉人善"而得名。2004年，时任浙江省委书记习近平考察嘉善时盛赞"这就是我的梦里水乡"。嘉善作为全国唯一的县域高质量发展示范点，2019年全域被纳入长三角生态绿色一体化发展示范区，集"双示范"两大国家战略于一身。近年来，嘉善始终牢记嘱托、砥砺奋进，抢抓"双示范"契机，深入践行"绿水青山就是金山银山"理念，积极推动生态治理修复，高水平推进新时代美丽嘉善建设，坚持以"生态绿"擦亮共富底色，发挥绿色生态优势，系统优化江南水乡生态风貌，在全省率先实现国家级生态镇全覆盖，先后成功创建国家级生态县、浙江省首批生态文明建设示范县、国家级生态文明建设示范县，列入全省十个"绿水青山就是金山银山"样本县，公众生态环境满意度实现十连升。

治水先行示范引领。嘉善县水网密布、河湖众多，是典型的江南水乡。近年来，嘉善县把优化水环境、做好"水文章"放在生态文明建设的突出位置，在全面推进治水、治污、改善水生态的基础上，围绕"有河有水、有鱼有草、人水和谐"的目标，积极探索推进平原河网水生态修复的新路径、新模式，打造"一张生态水网、十个示范片区、百里生态廊道、千亩水下森林"的碧水蓝图。投资2.8亿元建设23个碧水项目，涉及56条河道。持续深化水生态修复示范县试点建设，高起点编制全县水生态保护与修复规划及实施方案，搭建水生态修复"四梁八柱"，建立"3+3+5"①水生态分类修复建设机制。扩大盛家湾水生态修复试点成果，带动示范区，覆盖全县域，祥符荡、沉香荡等河道重现"碧波荡漾"风貌。完成嘉善太浦河长白荡饮用水水源保护区、上海市金泽水库的协同优化调整，上线一体化示范区生态监测与管理平台，联合打造"示范区跨界水体联合治理应用场景"，多跨协同共建水环境监管多方联动机制，在示范区水环境治理上实现"同频共振"，共保水源地环境安全。太浦河取水口水质连续8年保持Ⅲ类及以上，水质达标率100%。

创新技术引领绿色低碳发展。 围绕示范区打造"生态优势转化新标杆""绿色创新发展新高地"的战略定位，嘉善县探索绿色低碳发展之路，因地制宜加快三大新兴产业低碳集聚，推进整县（市、区）屋顶分布式光伏试点建设，大力发展生物质清洁可再生能源，加速三大传统行业低碳转型，持续推进"3+3"②绿

盛家湾

---

① "3+3+5"水生态分类修复体系，即开放型、半开放型和封闭型三种修复类；原生态保护模式、人工辅助修复模式和水生态重建模式三种修复模式；农田型、村落型、城镇型、园区型、复合型五类修复对象。
② "3+3"现代产业体系，即数字经济、生命健康、新能源（新材料）三大新兴培育产业和装备制造、绿色家居、时尚纺织三大传统优势产业。

色制造体系建设，推动建筑、交通、农业、居民生活等其他"6+1"①领域低碳发展。2022年浙江大学长三角智慧绿洲四大未来实验室落地运行，嘉善复旦研究院、祥符实验室、上海大学材料研究院等高能载体正式投入运营，一批院士领衔的国内外顶尖研发团队在祥符荡科创绿谷正在打造示范区科创高地。

打造绿色共富示范区。2022年11月，长三角一体化示范区执委会同两区一县政府联合印发实施《长三角生态绿色一体化发展示范区共同富裕实施方案》，作为示范区先行启动区之一，嘉善姚庄镇争创长三角区域共同富裕镇域示范先锋。深化和推广嘉善县"生态绿色积分制"，将绿水青山、田园风光、村落建筑和人居环境等生态优势转化为文体旅产业成果，截至2022年，嘉善9个镇（街道）实现绿色共富示范带实现全覆盖，9条线路可分可合，实现"点单式"串联，姚庄绿色共富示范带入选长三角示范区生态环境一体化保护典型案例。

编 者 说

习近平总书记指出："良好生态环境是最公平的公共产品，是最普惠的民生福祉。"良好的生态不仅能回应人民群众日益增长的优美生态环境需要，更能转化为发展优势，让人民群众持续共享绿色发展成果。嘉善县抢抓"双示范"国家战略叠加机遇，践行习近平生态文明思想，坚持绿色发展理念，统筹推进生态文明建设和绿色发展，通过持续改善生态环境质量，打造水乡治水"金名片"，把生态优势转化为发展优势，实现经济效益与生态效益的双赢，生动诠释了"绿水青山"既是自然财富、生态财富，又是社会财富、经济财富。嘉善的实践一方面在打造江南水乡全域秀美新图景方面具有借鉴作用，另一方面在长三角全域乃至全国区域绿色高质量发展也具有重要的示范意义。

---

① 统筹推进"6+1"（能源、工业、建筑、交通、农业、居民生活等六大领域以及绿色低碳科技创新）领域低碳发展。

新昌
生态文明建设"遍地花香"

　　近年来，新昌县牢记习近平总书记的殷殷嘱托，自觉践行"绿水青山就是金山银山"理念，坚定不移走生态优先、绿色发展的高质量发展之路，以久久为功的战略定力深入推进生态文明建设，大力发展生态经济，不断深化全域治水、全域治气、全域治废，把"黑臭塘"变成网红点、"废矿山"变成美景区、"垃圾村"变成无废村，生态环境质量持续改善，成功创建为"国家生态文明建设示范县"和"绿水青山就是金山银山"实践创新基地，成为全省第二个同时拥有这两大"国字号"金名片的地区。2022年，新昌县创成全省首批全域"无废城市"，入选全省首批生态文明建设实践体验地和美丽浙江十大样板地，为浙江省乃至全国生态文明建设起到了示范引领作用，贡献了"新昌样板"。

新昌县风景图

以科技创新推动绿色发展迈上新台阶。新昌始终坚持贯彻绿色发展理念，协同推进经济高质量发展和生态环境高水平保护，一以贯之把绿色低碳发展的基点放到创新上来，全县研发经费支出占地区生产总值的比重连续 8 年保持在 4% 以上，科技进步贡献率达到 70% 以上。坚持创新驱动绿色发展，最根本的是要增强自主创新能力。新昌瞄准关键核心技术，在纺机、轴承、制冷配件、生命健康四大行业布局创新联合体，同时加快推进高端科创园、海创大楼、科创集聚园、智能装备小镇小微产业园等科创平台建设，不断完善"科技型中小企业、国家高新技术企业、上市企业、单项冠军企业"四级梯队培育体系，培育了上市企业 14 家、国家"专精特新"小巨人企业 11 家、省"隐形冠军"企业 9 家、省"专精特新"企业 55 家、高新技术企业 292 家。此外，新昌近年来致力于打造绿色供应链和绿色制造体系，推动工业企业绿色转型，浙江京新药业股份有限公司获评为国家级绿色工厂，达利（中国）有限公司入选绿色供应链管理企业，树立起行业绿色制造标杆形象。如今，新昌高质量发展态势更加明显，高端智能制造、生命健康、汽车零部件等主导产业巩固提升，通用航空、文化创意等新兴产业实现快速发展，走出了科技强、产业优、生态好的发展路子。

以"无废城市"建设开启生态文明建设新篇章。自 2018 年绍兴入选全国"无废城市"建设试点以来，新昌县始终不渝将"变废为益"转化为富有实效的重要举措，探索出餐厨垃圾"变废为宝"、医疗废物"智慧监管"、生活垃圾"高效回收"、无废细胞"遍地开花"等行之有效的新昌举措，其中，新昌的医疗废物智慧监管、黑水虻处理餐厨垃圾等"无废城市"建设实践做法，先后成为浙江省生态环境厅全域"无废城市"建设巡礼推广案例，为全省乃至全国同类地区推进"无废城市"建设提供了新昌经验和新昌样板。一是引入黑水虻处理技术，建立新昌县餐厨垃圾处置中心，在全省率先设置腐生性昆虫——黑水虻规模化养殖车间的垃圾处理项目，基本实现餐厨垃圾的源头化减量、资源化利用、无害化处理。截至 2022 年，新昌县餐厨垃圾处置中心的餐厨垃圾收运范围已覆盖城区所有学校、机关单位食堂、酒店和 95% 以上的饭店。该做法得到省领导多次推广批示，并被新华社、《浙江日报》等媒体报道。二是打造"医疗废物智慧管控"平台，加强医疗废物源头分类智慧监管，对全县所有乡镇卫生院、民营医院、二级以上医院，以及小型医疗机构配备智能收集箱，分类收集医疗废物，实现全县医疗废物产生→转运→暂存→处理的全过程监管。新昌县共有 100 家医疗机构安装了 186 台智能医疗废物管控箱，实现了全县乡镇卫生院以上全覆盖。该平台改变了医疗机构用纸质台账来管理医疗废物的传统方式，有效实现医废数字化管理。三是引入"虎哥"模式，建成前端收集一站式、循环利用一条链、智慧监管一张网的生活垃圾再生资源回收体系。将可回收物、有害垃圾等精细划分为九大类 40 余小类，并通过构建"智能化大数据监管平台"，对生活垃圾投放、收集、运输、处置实行全过程透明化监管。截至 2022 年，"虎哥"已覆盖了新昌县 8 万多户城镇居民，解决 120 多人就业，回收减量生活垃圾 5800 多吨，资源化利用率达到 98% 以上，无害化率达到 100%。

医疗废物智能回收监管平台

编 者 说

　　绿色发展，是新发展理念的重要组成部分，就其要义来讲，是要解决好人与自然和谐共生的问题。习近平总书记指出，"绿色发展是生态文明建设的必然要求，代表了当今科技和产业变革方向。"新昌县坚持把产业转型升级作为科技创新的主战场，紧紧围绕特色优势产业抓创新，倒逼产业绿色转型，改变过多依赖增加物质资源消耗、过多依赖规模粗放扩张、过多依赖高能耗高排放产业的发展模式，打造形成绿色发展、产业与生态融合升级的模式。同时，以"无废城市"建设为抓手，提升城市固体废物减量化、资源化、无害化水平，推动城市全面绿色转型，助力全社会形成绿色生产和生活方式，实现经济社会发展和生态环境保护协调统一、人与自然和谐共生，为推动城市绿色可持续发展贡献了"新昌智慧"和"新昌方案"。

浦江

十年治水护绿增金

浦江风景

　　浦江县因水得名，明代开国文臣宋濂曾以"天地间秀绝之区"评价浦江。回望过去，浦江曾是全省水质最差、卫生最脏、违建最多、秩序最乱的"四最"县。县域内浦阳江（浦江段）被划为钱塘江的主要污染河段，劣Ⅴ类水质占河段总长度的65.3%。"山依然青而水不再绿"等问题，成为浦江实现高质量发展的"拦路虎"、实现共同富裕的"绊脚石"。为了破解发展困局，2013年以来，浦江深入践行"绿水青山就是金山银山"理念，开启了以水晶污染整治为主要内容之一的十年治水之路，打出一套治污水、防洪水、排涝水、保供水、抓节水的"五水共治"组合拳，实现了从"黑河臭水惹人厌"到"水清景美众人赏"的蝶变。浦阳江入选全国首批7个美丽河湖（港湾）优秀案例，八夺浙江省"五水共治"最高奖"大禹鼎"，成功入选首批国家生态文明建设示范县。浦江县拿如诗如画的山和水做文章，奏响"水清、景美、业兴、共富"的协奏曲，走出了一条"生态美、产业兴、村民富"的乡村振兴之路。2022年，浦江县227个行政村中，已有41个村集体经济总收入超过150万元，102个村集体经济总收入超过100万元。

实干兴水，换得一方百姓安。 从2013年开始，浦江县面对"经济发展了、环境恶化了"的全域之痛，全面打响浙江治水第一枪，拉开了"绝不把污泥浊水带入全面小康"的治水序幕。通过实施"调引连活"水系连通工程，开展"五不三增二保留"生态化治理，在全省率先全面推行"河湖长制"，建立由县级河（湖）长、乡级河（湖）长、村级河（湖）长以及乡镇（街道）联络员组成的四级管护机制，持续深入推动治水工作常态化、长效化。生态环境没有最好，只有更好，近年来，浦江进一步实施"污水零直排区"建设、美丽河湖建设、垃圾处置分类、生态修复、畜禽养殖治理、饮用水水源保护、流域综合整治、环保能力提升等"八大工程"，推进"找寻查挖"等专项行动，建立生态廊道，推动生态环境质量不断提升。浦阳江水质从连续8年劣V类提升至III类，全县水域水质均达到III类及以上，首次发现优质水质指标生物（EPT昆虫）。生态环境质量公众满意度从治理前的全省倒数第一提高至全省前五位。"小河清清大河净，水碧山青如画屏"已成为浦江县最亮丽的底色。

绿色转型，带动一批产业兴。 浦江县强势推进水晶产业集聚发展，实现"园区集聚、统一治污、产业提升"，推进园区规模化光伏示范应用，每年节约电费近120万元，碳排放减少超3000吨，助力碳达峰、碳中和行动。持续推动旅游

浦阳江治水前后对比图（河段1）

业和农业融合发展，把生态优势转化为发展红利。深挖水文化底蕴，结合乡村振兴规划将美丽城镇、美丽乡村项目连线成网，利用水文化资源融合打造景观节点。以"创意＋体验＋共享"整合文化旅游资源，拓展"水＋经济"的新模式，丰富当地旅游业态，促进旅游增收。实施"十大文旅产业项目"，新签约和达成合作意向的亿元以上项目 6 个，投资总额 181.73 亿元。稳步拓展现代农业，葡萄产业、香榧、高山蔬菜、精品花卉成为农旅产品的新名片。浦江葡萄种植面积从 2013 年的 2.8 万亩增加至 2020 年的 7.03 万亩，产值达 11.43 亿元，带动全县年人均增收 3400 元。

编 者 说

习近平生态文明思想中，关于人与自然的关系是在实践中不断发展的，在不同的历史时期和不同的社会发展阶段具有不同的内容和表现形式。多年来，浦江在水环境综合整治攻坚战中坚持以"五水共治"为主线、以"污水零直排"建设为抓手、以铁腕治污为基础，不断夯实生态环境基础，推进产业绿色转型升级，大力发展生态环保产业，拓宽群众增收渠道。浦江经济发展模式在始终坚持习近平生态文明思想的总体方向上，实现了从"环境换取增长"到"环境优化增长"的根本转变，有力推动了人与自然和谐共生，为浙江省乃至全国生态文明建设提供了鲜活的"浦江经验"和"浦江样板"。

岱山
推动清洁能源产业，赋能绿色高质量发展

岱山，位于浙江舟山群岛新区中部，是全国 12 个海岛县之一，由 379 个岛屿组成，县内生态本底优良，海岛风景优美，渔场水域宽阔，深水岸线资源丰富，具备得天独厚的潮汐能、风能、太阳能等可再生资源。近年来，在"碳达峰碳中和"的大背景下，岱山县充分依托、整合和发挥岱山独特的海洋资源优势，在开发太阳能、海洋风能、潮流能等可再生能源的基础上发挥辐射效应，积极发展清洁能源装备生产、发电利用、储能用能、研发服务等全产业链，尤其在高端装备制造等领域进行突破，积极探索利用可再生能源及储能系统替代所有的化石

LHD 海洋潮流能发电项目

能源，开创了一条海洋特色清洁能源全产业链高质量发展之路。经测算，岱山风电、潮流能、太阳能光伏等已建成的各类可再生能源项目一年累计发电 1.4 亿千瓦时，节约标准煤合计约 4.6 万吨，减少二氧化碳排放量约 7.3 万吨。

清洁能源启动发展引擎。近年来，岱山按照"可再生能源＋储能＋联合制氢＋碳汇"的路线，高起点布局绘制风电、光电、氢能、储能装备制造四大产业"鱼骨图"，构建集风电、光伏、氢能等于一体的绿色能源产业体系。潮汐发电、风力发电、光伏发电等清洁能源项目逐步落地：世界最大单机容量潮流能发电机组"奋进号"已在秀山岛下海，年发电量可达 200 万千瓦时，减少二氧化碳排放量 1994 吨；岱山衢山风电场一期工程（装机 40.8 兆瓦）、中广核岱山 4 号海上风电场项目（装机 234 兆瓦）已投运；累计开工建设近 74 个光伏项目，总装机规模达 80.5 兆瓦。

岱山清洁能源项目

活用资源助力产业集聚。遵循"资源换产业换项目"思路，岱山依托得天独厚的资源禀赋，培育壮大清洁能源产业链条，全力将资源优势转化为产业优势和发展优势。坚持差异化发展风电产业，突出产业联合体招引，充分释放华能岱山 1 号海上风电场的"强磁场"吸引力，招引上海电气新能源产业基地及一批塔筒、塔基等配套项目落地，逐步形成集风机研发、制造、安装及电缆铺设、设备维护等于一体的风电全产业链。积极培育光电、氢能、储能装备制造等新增长极，成功引进华润岱山光伏发电、远景能源岱山储能示范等一批绿色能源项目。

保障要素赋能绿色发展。坚持"要素跟着项目走"，全力夯实重大项目土地、海域、岸线等要素保障，落实"一个项目、一个领导、一个专班、一个方案、一抓到底"的服务机制，推动各方力量和要素资源向重大清洁能源项目集聚，聚力破解制约项目开工的"疑难杂症"，为重大项目落地开工按下"快进键"。目前，华能岱山1号海上风电场如期开工，华润岱山光伏发电、上海电气运维基地等一批重大项目即将开工。

编　者　说

绿色发展是生态文明建设的必然要求，建立健全绿色低碳循环发展经济体系、促进经济社会全面绿色转型是解决生态环境问题的治本之策。岱山依海而生、向海而兴，发展的最大优势在海洋，最大潜力也在海洋，近年来，岱山深入贯彻"双碳"战略，积极推动绿色生态发展，依托清洁能源资源禀赋，着力构建清洁低碳、安全高效能源体系，推动清洁能源综合利用与装备制造一体化全产业链发展，打造清洁能源生产供应基地、产业集聚地和科技创新策源地，让清洁能源成为现代海洋城市的"标配"，不断谱写践行习近平生态文明思想的新篇章，为浙江省乃至全国清洁能源产业高质量发展提供了借鉴。

开化

着力打造钱江源生物多样性保护高地

开化建县于北宋太平兴国六年即公元 981 年，是一座千年古县，也是浙江母亲河钱塘江的源头、国家重点生态功能区、国家生态文明建设示范县，是习近平总书记点赞的"好地方"。在开化千年的历史传承中，生物多样性保护是贯穿始终、一脉相承的，县内目前仍保存着清朝嘉庆年间树立的风景林保护石碑，"杀猪敬渔""立碑禁林"等优良传统也一直沿袭至今，可以说，生物多样性保护已经融入了开化人民的基因和血液，成为一种公民自觉。2003 年，时任浙江省委书记习近平前往开化视察，强调"一定要把钱江源头的生态环境保护好"。二十年来，开化始终把保护好开化的山山水水、草草木木作为践行总书记殷殷嘱托的

钱江源

具体实践，着力打造钱江源头生物多样性保护高地，努力擘画人与自然和谐共生美丽画卷。截至 2022 年，开化境内共调查发现野生生物物种 6391 种。2016 年开化全境纳入国家生物多样性保护优先区域，获批长三角地区唯一的国家公园体制试点，2018 年创成国家生态文明建设示范县，2022 年被浙江省生态环境厅授予生物多样性保护与可持续利用试验区称号。

强化顶层设计，夯实制度保障。开化县深入运用"多规合一"试点成果，印发全国首个由省政府批准的县级空间规划，严格划定"三区三线"，生态空间由原来的 50.8% 增长至 83.6%，生态保护红线总面积 635 平方千米，占开化国土总面积的 28.4%。制定出台《领导干部自然资源资产审计实施办法》，将领导干部考核与生态保护挂钩，开展定期及离任自然资源资产审计，领导干部损害生态环境被终身追责。聚焦生物多样性保护，设立环境资源巡回法庭、生态环境检察展示馆、公检法环联合办公室等多项制度载体，为生物多样性保护提供了全方位的体制机制保障。此外，针对生物多样性保护投入大、见效慢等难点堵点，与中国人民大学合作开展金融支持生物多样性的研究实践，积极探索搬迁安置、资源转化、生态修复等方面的实施路径，2023 年 3 月 17 日，开化县正式发布国内首个《银行机构生物多样性风险管理标准》。

强化本底保护，构建生命乐园。开化县全境拥有大面积连片的低海拔亚热带常绿阔叶林地带性植被，生物多样性资源丰富。在生态修复上，开化县统筹推进山水林田湖草全域生态修复，2019 年以来实施森林质量改善工程、水生态保护工程、全域土地综合整治工程等亿元以上重大项目 30 余个，总投资超过 100 亿元，森林覆盖率达到 81.09%。在本底调查方面，2016—2021 年，两次开展全域生物多样性本底调查，摸清家底有多少、在哪里，建好县域生物物种"一本账"，累计记录物种 6391 种，其中包含黑麂、白颈长尾雉等国家一级保护动植物 14 种，亚洲黑熊、长柄双花木、香果树等国家二级保护动植物 115 种。在宣传引导上，开化县坚持把生物多样性保护与本地传统文化相结合，讲好"放生河碑""荫木禁碑""禁采矿碑"三块古碑的生态故事。做好封山育林护水等千年习俗的传承和弘扬，连续 42 年开展"植树拜年"活动，并专门设立开化"5·5"生态日，开化县生物丰度持续保持全省前列。

强化科学利用，突出价值转化。2022 年，开化县制定出台生物多样性保护与可持续利用试验区建设方案，提出健全政策法规体系等 8 大任务、30 项具体行动，全力推进生物多样性保护与可持续利用系统性工程。在科普研学上，开化通过冠名国际国内赛事、打造高标准科普游憩综合体、出版系列丛书、开发人工智能植物识别App、健全环境教育系统、规范特许经营体系等做法，日益完善生物多样性科普游憩功能，2023年钱江源国家公园科普馆被评为全省第二批生物多样性体验地，

白颈长尾雉

境内累计接待旅游人数108万，旅游经营收入近4000万元。在生态产品价值实现上，沿着生物多样性可持续利用"绿色跑道"，创办衢州市首个区域公用品牌——"钱江源"，借助品牌的生态价值内涵，大力发展"两茶两中一鱼"（龙顶茶、山茶油、中蜂、中药材、清水鱼）等优势产业，特别是立足龙顶茶之乡定位，全面实施龙顶振兴战略，开化龙顶品牌价值已达31.71亿元，"绿水青山"向"金山银山"转化通道不断拓宽。

编 者 说

　　生物多样性保护是生态文明建设的重要内容，也是推动高质量发展的重要抓手。近年来，开化县深入学习贯彻习近平生态文明思想，树立坚定决心和顽强信念全面推进生态保护发展，聚焦钱江源头生物多样性保护与可持续利用，建立健全体制机制和政策法规体系，深化全域调查监测与科学研究，实施全域土地综合整治与生态修复，全面加强生物多样性保护与科普宣教，深化发展生物多样性特色生态旅游，走出了一条生物多样性保护与可持续利用的高效路径，形成了鲜活的生物多样性保护和可持续利用"开化智慧"和"开化样板"，可为浙江省乃至全国生物多样性保护和利用提供借鉴。

仙居

以山活景，以水兴旅

　　仙居县地处浙东南，北宋景德四年宋真宗以其"洞天名山屏蔽周卫，而多神仙之宅"下诏赐名仙居，一直被称作"仙人居住的地方"。县域面积 2000 平方公里，有"八山一水一分田"之说，森林覆盖率达 79.6%，环境空气质量优良率达 100%，水资源超过 24.1 亿立方米，出境断面水质自 2017 年起稳定达到二类标准，是中国长寿之乡、国家级全域旅游示范区、国家生态文明建设示范县。在"绿水青山就是金山银山"理念指引下，仙居以建设现代化中国山水画城市为目标，深化生态文明建设，持续走深绿色发展改革路线，坚决打赢污染防治攻坚战，推进"绿水青山就是金山银山"理论实践创新基地创建。2017 年，永安溪被评为全国"最美家乡河"，成为仙居全流域大花园建设的重要载体，带动全县发展民宿 580 多家，总床位 10000 余张，入住率超过 60%，环神仙居精品民宿

"天然氧吧"

集聚区经营户年均收入达25万元，真正做到了生态惠民、生态利民、生态为民。环神仙居旅游公路全长39.4公里，将5A级景区神仙居、4A级景区神仙氧吧小镇、永安溪、公盂岩等9个著名景点串珠成线，游客每年超过720万人次，其中神仙居2022年游客54.5万人次，营业收入1.1亿元。

科学推进水域治理修复，走实生态之路。"十三五"期间投资30多亿元，开展"生物多样性保护与可持续利用发展示范工程"、中小河流重点县工程、永安溪流域综合治理与生态修复、森林质量提升等生态保护修复工程，大幅提升生态环境承载能力；深入推进"千万工程"和"五水共治"工程，着力治理永安溪的岸源问题，实现全县农村生活污水处理设施行政村覆盖率76.5%、农村无害化厕所普及率99.7%。全域水质显著提升，饮用水水源和水功能区断面达标率均为100%，罗渡出境断面水质一直稳定在Ⅱ类标准。仙居被评为省"清三河"达标县，连续两年荣获省"五水共治"大禹鼎。

引领共建绿色生态产业，走深发展之路。大力发展生态农业。坚持绿色生产理念，积极推进农业标准化生产，发展农村绿色产业和绿色产品，仙居杨梅栽培系统入选第三批中国重要农业文化遗产。连续举办25届中国仙居杨梅节，截至2022年年底，全县杨梅种植面积达14.2万亩，投产面积13.5万亩，为近10

神仙居景区二期扩容项目

仙居绿道

万梅农户户均增收 3.3 万元。大力发展生态旅游业。围绕全域景区化和建成"国际旅游目的地"的总目标，深度开发提升神仙居景区，创成国家 5A 级景区。沿溪而建的永安溪绿道总长 492 公里，是免费开放的国家 4A 级景区，被誉为"中国最美绿道"，获得"中国人居环境范例奖"。围绕绿水滋养的现代美丽河湖，打造特色旅游经济，进一步开发出河湖观光、神仙居山水演艺等旅游项目，让美丽河湖的生态优势转化为经济发展动能。2022 年杨梅节期间，全县接待游客83.4 万人次，带动旅游总收入 7.7 亿元。

全民共织数字监管网络，走稳管护之路。在全省率先推行河长制，境内2142 条河道实现"河长"全覆盖，制定《仙居县生态环境义务守护人管理制度》，全县招募生态环境义务守护人超 300 人；培育出阳光义工协会、红心志愿者协会、城东企业群服务队、河小二等 3000 余人的志愿者队伍，让大量"旁观者"变身为生态文明建设的"参与者"和"监督者"。同时，深入开展智慧监管，积极运用大数据、区块链等新技术，不断提升监管能力和水平，促进监管规范化、精准化、智能化，建立了园区智慧化监管平台，对企业生产、排放等环节实时监控，实现对河道及周边企业的动态监控，有力加强生态环境安全监管。

编 者 说

　　"八八战略"要求我们必须告别传统粗放的增长模式，走生态优先、绿色发展之路，更加注重城乡、区域、经济社会、人与自然协调发展。仙居县积极践行"绿水青山就是金山银山"理念，以山水林田湖草生命共同体理念指导永安溪流域综合整治，促进了流域治理与经济发展的协调，营造人与河流和谐相处的环境，初步描绘出"河畅水清、岸绿景美、人水和谐、流态自然、引排合理"的美丽画卷。仙居县在习近平生态文明思想的引领下，逐渐探索出生态文明建设实践体验地的"仙居路径"，既将青山绿水打造成仙居的最靓丽品牌、最宝贵财富，也将生态环境打造成仙居最重要的竞争优势和发展潜力，实现生态环境保护和经济高质量发展双赢，为浙江省乃至全国生态文明建设提供了鲜活的"仙居典范"。

坚持以"绿"带"富"推动高质量发展

遂昌县，钱瓯之水发源地，仙霞山脉贯全境，境内山川秀美、水韵灵动，是浙江省重要的生态屏障地区、华东地区生物多样性关键区域之一，县内的九龙山国家级自然保护区拥有华东地区几近唯一的原始森林。遂昌县全县森林覆盖率达 83.64%，居全省前列，被誉为"浙南林海""江南绿海"。县域水质优良，城市地表水水质排名全省第二；全县 $PM_{2.5}$ 浓度均值 21 微克 / 立方米，负氧离子含量高出世界卫生组织界定的"清新空气"标准 6 倍及以上，被誉为"中国天然氧吧"。一直以来，遂昌县秉承"绿水青山就是金山银山"的生态发展理念，积极探索将最稀缺的生态资源转化为高溢价的生态产品，使清新的空气、洁净的水

仙侠湖两岸山青水碧

源、优美的环境及其衍生的生态产品最大限度地转化为发展成果和富民实效。先后创建了农村电商、山区旅游、健康农业等一系列"遂昌模式",生态富民效益显著。2022年,遂昌县服务业增加值85.91亿元、农林牧渔业增加值14.49亿元,分别较上年增长7.2%、4.7%,均位列丽水市第一,成功入选全国"两山"发展百强县。

夯实生态基底,守护"生态绿"。曾在遂昌任知县的明代文学家、戏曲家汤显祖诗云:"山也青,水也清,人在山阴道上行,春云处处生。"生动描绘了遂昌青山环抱、满目皆翠的美丽山水画卷。多年来,遂昌县深入贯彻落实习近平总书记关于生态环境保护工作的重要指示、批示精神和党中央、省市县委的决策部署,坚持以提升环境质量为核心,以深入打好污染防治攻坚战为抓手,实干奋进,扛旗争先。通过开展巩固城市黑臭水体治理成果和"污水零直排"建设回头看,推进找短板、寻盲区、查漏洞、挖死角专项行动,做清"绿水";聚焦臭氧污染防治、柴油货车污染防治攻坚战、工业废气深度治理,开展环境空气质量巩固提升专项行动,做靓"蓝天";启动受污染耕地土壤污染"源解析"工作,推进"无废城市"创建,做优"净土",持续描浓美丽遂昌的生态底色。2022年,遂昌县被生态环境部、财政部评为2021年度国家重点生态功能区生态环境保护管理较好的县域城市,系全省唯一。

转化环境优势,挖掘"致富金"。遂昌县持续探索经济生态化、生态经济化的发展路子,实现经济增长、山川增绿、产业增效、群众增收。大柘镇大田村依托良好的生态环境、保存完好的百亩古阔叶林、稀有的地热温泉和壮观的万亩茶海,2019年5月经中国科学院和浙江大学专家核算,2018年的GEP(生态产品产值)为1.60亿元,地区生产总值为8858万元,大田村成为全国首个地区生产总值和GEP双核算

阿里巴巴诸神之战"数字经济"赛道全球挑战赛

村。GEP 核算为群众带来了切身实惠，通过 GEP 授信贷款，全村村民每年可少支出 110 万元左右的利息。同时也吸引了大批资本入驻，建设汤沐园温泉，开发养生养老市场，打造高端酒店、会务中心和研学中心。"柘里薯香"为宁波一线零售商"鲜丰水果"提供生态番薯干，年销量可达 500 万元以上。建成碳普惠基地，实施林权抵押贷款，开展碳汇资源管理典型模式，建立"林农 + 专业合作社 + 两山合作社"竹林碳汇收储模式，共收储约 13 万亩的竹林碳汇资源，由"两山合作社"投资开发竹林经营碳汇项目，项目成功交易后，预计村集体每年约有 180 万元的收入。

编 者 说

党的二十大报告提出，"大自然是人类赖以生存发展的基本条件。我们必须牢固树立和践行绿水青山就是金山银山的理念，站在人与自然和谐共生的高度谋划发展。"多年来，遂昌按照"生态优先、绿色发展"的要求，依托生态环境、气候条件、山区资源等自然禀赋优势，把生态资产存量转化为生态产品流量，提高 GEP 到地区生产总值的转化率，让人民群众享受到生态环境和生态经济带来的双重红利，探索出一条生态保护、生产发展、生活富裕的高质量发展之路，为浙江省乃至全国山区生态文明建设提供了遂昌实践样本。

生态文明建设是关系中华民族永续发展的根本大计。党的十八大以来，以习近平同志为核心的党中央站在坚持和发展中国特色社会主义、实现中华民族伟大复兴中国梦的战略高度，把生态文明建设摆在全局工作的突出位置，开展了一系列根本性、开创性、长远性工作，我国生态文明建设发生了历史性、转折性、全局性变化，创造了举世瞩目的生态奇迹和绿色发展奇迹，走出了一条生产发展、生活富裕、生态良好的文明发展道路。

先进理论是伟大实践的先导。新时代十年生态文明事业的伟大变革离不开习近平生态文明思想的指引，离不开对人与自然关系的正确把握。习近平生态文明思想是以习近平同志为核心的党中央治国理政实践创新、理论创新、制度创新在生态文明建设领域的集中体现，系统阐释了人与自然、保护与发展、环境与民生、国内与国际等关系，集中体现为"十个坚持"，是新时代我国生态文明建设的根本遵循和行动指南。

浙江是习近平生态文明思想的重要萌发地。多年来，浙江省各地牢记习近平总书记的殷殷嘱托，深入践行"绿水青山就是金山银山"理念，走出了一条具有浙江特色的经济强、生态好、百姓富的绿色发展之路，生动诠释了习近平生态文明思想的真理内涵和实践伟力。

本书是一本面向社会大众的学习、宣传、教育读物。全书以浙江省首批生态文明建设实践体验地典型案例为素材，采用评述结合的方式，生动介绍了浙江省各地持续推进习近平生态文明思想科学内涵"十个坚持"的特色做法，展示浙江省生态文明建设成果。本书案例兼具创新性、体验性和典型性，在浙江省乃至全国生态文明建设领域具有一定的推广价值。浙江省生态环境厅、浙江省生态环境科学设计研究院在广泛征集地方典型案例的基础上，开展多轮筛选和修改，完善书稿内容。参与本书编撰的主要人员包括：刘瑜、汤博、俞昀肖、陈慧萍、季凌波、江丽。在编写过程中得到了浙江省11个设区市生态环境局及13个生态文明建设实践体验地生态环境分局的大力支持。郑启伟、米松华、陈红英、王相华和陈利等专家对案例筛选和修改提出了宝贵意见。在此，谨对所有给予本书帮助与支持的单位和同志表示衷心感谢！

本书编写组

2023 年 11 月